穿越人海

CHUANYUE RENHAI YONGBAO ZUIHAO DE ZIJI

拥抱最好的自己

寒沙 著

民主与建设出版社

·北京·

© 民主与建设出版社，2024

图书在版编目(CIP)数据

穿越人海拥抱最好的自己 / 寒沙著. -- 北京：民主与建设
出版社，2016.8（2024.6 重印）

ISBN 978-7-5139-1223-5

Ⅰ.①穿… Ⅱ.①寒… Ⅲ.①成功心理—通俗读物
Ⅳ.①B848.4-49

中国版本图书馆CIP数据核字(2016)第180085号

穿越人海拥抱最好的自己

CHUANYUE RENHAI YONGBAO ZUIHAO DE ZIJI

著　　者	寒　沙
责任编辑	刘树民
装帧设计	李俏丹
出版发行	民主与建设出版社有限责任公司
电　　话	（010）59417747　59419778
社　　址	北京市海淀区西三环中路10号望海楼E座7层
邮　　编	100142
印　　刷	永清县晔盛亚胶印有限公司
版　　次	2016年11月第1版
印　　次	2024年6月第2次印刷
开　　本	880mm×1230mm　1/32
印　　张	8.5
字　　数	180千字
书　　号	ISBN 978-7-5139-1223-5
定　　价	58.00元

注：如有印、装质量问题，请与出版社联系。

不要让未来的你，讨厌现在的自己

保持你的饥饿感

做自己不够，要做更好的自己

把离别尽量推远

一瞬间的温暖

放下懦弱的自己，努力强大起来

不要让未来的你，
讨厌现在的自己

不要让未来的你，

讨厌现在的自己。

困惑谁都有，

但成功只配得上勇敢的行动派。

>>>>>>

不要让未来的你，讨厌现在的自己

　　初中时候，我觉得我很苦——远离父母，寄人篱下地生活和上学，满心都是委屈和青春期的困惑。我想跟一个年轻的老师说说，但发现她根本没空理我。那时候我就知道，别到处说你的苦，没人有责任给你答疑解惑，没人愿意听你倾诉什么负能量，搞不好还成为别人的笑料。当然，这也让我养成了隐忍的性格。

　　我听过很多人讲困惑、讲抱怨、讲委屈，仿佛整个世界都负了他；也收到很多来信，讲自己人生哪儿哪儿都是坑。起初，我很认真地回信，但发现对方再回复过来没有超过两句话的，基本上都是"谢谢，我会加油。"其实说白了，就是跟我这儿倾诉下，并不是要什么解决方案，更不是要我感同身受地帮助什么。慢慢地，久了以后，扫一眼一封信，如果大片的负能量，我就不回复了。

　　有人说我冷漠、高高在上，其实是因为，我也不想接受什么负能量。这世界就一种人心甘情愿地接受负能量，那就是心理咨询师，但你得给他钱才行。除此以外，估计自己爹妈都懒得听孩子天天毫无行动力的唠叨吧。

我有一个挺要好的男同事，什么都好，就是特别能抱怨。无论大家去哪里玩、吃什么东西、在什么时间，也无论我们各自后来跳槽到哪个公司，他都不休止地抱怨工作、同事和老板——仿佛他去了哪儿，哪儿都是一群不怀好意的人。

起初，我和另一个小伙伴还安慰他，后来我们只能默默地听着，该吃吃该喝喝，不做任何发言：因为该说的话已经说了，已经完全不知道该说什么了。后来，我们再聚会的时候，都要考虑下，要不要叫上他啊，不叫他都是同事，可叫上他真的不想听负能量了。职场有点不满很正常，但抱怨太多，其他同事和老板也都觉得这人是真的能力不行，沟通和工作能力太差。一来二去，其他人也没说他什么好话，不久他就真的转行做别的去了。

其实每个人都本能地想要听到振奋人心的好消息。生活已经够艰难了，谁还顾得过来别人的眉头呢？虽然很多时候朋友间郁闷需要倾诉，但倾诉太多负能量谁都扛不住。

当别人耐心地劝慰你一两次之后，发现你根本没有行动力，只是一味地吐苦水，估计谁都不会再有耐心听下去了。如果你成天只能为鸡毛蒜皮的小事所忧心和劳神，那其实你可能也成不了什么大事。

年轻人都有哪些苦水呢？其实无非就是生活艰难，工作不满意，爹妈不理解，朋友不相信，当梦想照进现实自己特无力……可哪个年轻人不是这样挣扎着度过自己的青春时光呢？人生除了死，没什么大事儿。你以为自己够不幸的了，但实际上才哪儿跟哪儿。

比如，发奖学金时别人靠着关系获得这份荣誉；工作上的同事给你穿了个小鞋；父母不支持你去大城市闯荡；自己得了个颈椎病晚上睡不好等等。当你回头看自己的过去的时候，你会发现，自己曾经怎么那么幼稚，怎么会因为这点小事哭了好几个晚上？

很多人觉得，那些看上去很好的人，他们的生活一定没什么迷茫和烦恼，他们才是人生的幸运儿呢。但事实上，每个人都是一样的，只是别人的苦没说出来，没让你看到罢了。

我认识一个红人，比我还小两岁，日常八小时的工作是广告公司总监，作品获得过戛纳广告大奖的银奖。其次，他还是一名作家、电台主播、国家二级心理咨询师、心理催眠师、二级人力资源管理师。

你可能觉得不可思议：这要么是骗子，要么就是自我吹嘘。但是，你不知道，他从没有半夜3点之前睡过觉；你不知道，他几乎日日更新自己的文学作品，每篇都3000多字。他从没有跟我说过自己的辛苦，也没有说过周围人谁不好。他总是很默默地跟我说："加油，努力。"此外，就没有别的什么听起来高大上的废话了。

这两年，我认识很多新晋的豆瓣红人，其中一些人的粉丝从几百人开始，增长到今天的好几万。我眼睁睁地看着他们每日辛劳地更新，还一更就是大几千字。他们有人拿着微薄的薪水坚持梦想；有人在工作之余挑灯码字；有人当了妈妈，在月子里还笔耕不辍。

这样的生活可能太拼了，可能不是你想要的那一种，可能还对身体不好，可能还很累……但这就是他们每个人的梦想。我猜想，他们都经历过时间不够用的困惑，遭遇过夜夜码字没读者的孤独，他们都曾在台灯下想要转身睡去……但我没听到过他们的任何抱怨——我只看到了他们成年累月的作品，像他们本人的头像一样，冷静而独立地逐渐被众人所知。

不要让未来的你，讨厌现在的自己。困惑谁都有，但成功只配得上勇敢的行动派。

别让你的青春浸泡在抱怨和倾诉中，也别让每一次朋友聚会变成"祥林嫂集合"。如果你不想被负能量所包围，那就试着聊点振奋人心的话题，像那些积极勇敢的创业者那样，向周围的人汲取更多的正能量，让自己的眼睛也能闪着亮晶晶的光芒。

试试看，每天早晨醒来对自己说一个让自己愉快的好消息。你是什么样，就会吸引怎样的人来到你身旁。

别人的精彩，你不必羡慕

>>>>>>

从小到大，我们都活在别人"精彩"的阴影里。

小学时最常听到的就是谁谁家的孩子读书多好，你那么好的条件，就考这个成绩？

这个还算一级恐怖，心理的阴影面积随着年龄正比成倍增长。

比如上大学时，高中同学聚会永远只能听别人聊大学的精彩，好不容易想开个口说说自己的大学生活。

别人问你在哪个大学读书？一句话就能把你噎死，这得鼓起多大的勇气才能说出自己在京西技校啊！

工作后，会有很多人问你：在那买房了吗？你嫁的人有钱吗？婚礼打算在哪个小岛举办？你家的小孩喝哪个国家的牛奶？

其实这些时候，我相信很多人都想说一句：反正喝的不是三鹿！

在北京这些年，我听过最多的问题除了什么时候结婚，就是你在北京买房了吗？

其实我身边的很多同事一开始也并不想成为房奴，只不过总有各种压力和信号告诉他们只有买房子了才能结婚，只有买房子才叫过生活。

可是回头想想，这是真的精彩生活吗？

我有很多同事，原本租在公司附近，后来为了精彩生活，东拼西凑几十万付了首付在"六环"的昌平、廊坊、燕郊买了个不到 100 平的房子，然后月供近 1 万开始着长达几十年房奴长征。

这还只是开始，原本他们上班需要十分钟，自从有了房子后早上 8 点开车的能从燕郊一路堵到中午。从昌平坐地铁的同胞们，且不说要在地铁里晃悠 2 个小时，你还记得在西二旗挤地铁的日子吗？传说中的不用走路后面有人推着你前进，还有挤怀孕就是从这里开始。

过了几年实在受不了继续在市区租房子，然后买的房子租不出去，放着养蚊子。

按他们的话说：这不叫精彩，叫很无奈！

当然，如果我们所谓的精彩生活是建立在扣掉父母辛苦一辈子积累下来的所有财富，也就是他们挂在口中说的棺材本，那么我们会过得精彩吗？

所以，不必羡慕别人有房，起码我们自给自足不啃老，虽然不出彩，但过得自在。

　　前 HR 同事是杭州人，交流比较多，我经常开玩笑叫她大表姐。

　　大表姐同居的男朋友是山西的，从大学长跑 8 年在所有人眼里基本算是一辈子就差生猴子，有一次吃饭时她跟我吐露心理话，竟然是：不知道要不要嫁给他？

　　我愣了，说：大表姐你拉倒吧，就你这样有人要就不错了，而且都同居那么久了你这支股票谁还敢接盘啊，万一喜当爹什么的就不好了，你还犹豫个毛球。

　　大表姐习惯了我的蝎子毒，只是笑了笑叹了口气说：你不知道，我妈妈一直给我压力，她不喜欢我男朋友。

　　我说：别扯，是你嫁给他又不是你妈。

　　大表姐说：唉，我妈妈不喜欢也是有道理的。

　　我说：我见过你男朋友，虽然跟我没法比，但发照片到朋友圈还是值得点赞的，难道是他传播文明火种能力不足？

　　大表姐着急了，原来根本原因是他家没钱，大表姐的妈妈有一群发小兼麻友的闺蜜，整天对比嫁女儿这事，一个比一个嫁得精彩，大表姐是最后一个，她妈妈表示压力很大所以嫁女儿的条件就是：北京一套房子、一百万礼金、婚礼在马尔代夫举办……

　　我真不知道她是在卖女儿还是在嫁女儿，正想劝下大表姐时。

　　她郁闷地说自己也犹豫，因为所有闺蜜都嫁给了有钱人，过得很精彩。她可以想象如果嫁给了男朋友未来的生活就是精打细算、柴米油盐，完全买不起什么奢侈品。

我说：大表姐你别胡思乱想了，什么霸道总裁爱上我都是骗人的，别人有别人的精彩生活但也有别人的不幸福，愿意陪你一辈子柴米油盐的，才是真正的浪漫满屋。

大表姐一听，马上奔去找男朋友领证，哈哈，夸张了，领证是后来的事。

后来大表姐终于结婚了，婚礼在山西的某个小镇，她的小叔子开着三轮载着我们去参加喜宴，田间的风吹来时，我在想，别羡慕了，这难道不也是属于自己的一种精彩吗？你看大家多自在。

文学社的学妹来北京玩，约我吃饭。

瞎聊时她抱怨说马上要毕业找工作了，跟那些211毕业的学生一比，完全没有竞争。

我说：你真的觉得那些重点大学毕业的学生找工作就很容易吗？

学妹反问：不是经常说好的出身才有精彩的人生吗？

我说：我有个歌手朋友，清华建筑系毕业，平时聊天他经常说在他们清华世界观里，全国好的大学只有两所：一所叫清华；一所叫北大，剩下的都是三流大学。虽然他说得有点夸张，但是不无道理，光北京地区就有那么多重点大学，有什么好显摆的，再牛逼的大学毕业了一样苦逼找工作，毕业就是失业，大家都是无业青年，身份都一样，没什么好自卑的，又有什么必要羡慕别人的精彩？

小学妹一听，觉得有道理，又继续问：学长那么一说我安慰很多，但是有很多用人单位只要 211 毕业的学生，像我们这种普通高校毕业又没有经验的怎么活啊？

我说：难道学长跟你不是一个学校毕业的吗？我就不用来北京工作啦。

她说：但是对于我来说学长就像开了外挂一样存在着，不一样啊。

我笑了笑说：又回到开头的话题上，大家都一样不要盲目羡慕别人所谓的精彩。

随后我跟她解释了下这些年在公司的招聘经验，对于大多数的用人单位来说，哪个学校毕业的他们真的只是参考不会一棍子打死，谁都是从没有经验的新人开始学起，除了能力和经验他们要的更多是潜力和激情。

因此对于招聘公司来说：招聘一个有潜力有激情的可塑造的新人比招聘一个所谓有经验的老油条靠谱得多。

学妹的世界观像是被我刷新一遍似的，惊讶了下随后表示认同。

高考只不过是人生的一趟火车罢了，重点高校的是卧铺，普通高校是硬座，毕业就是终点站，到站了大家都要下车。如果把所有时间都用在羡慕，将永远羡慕下去，我们要做的就是在后续的职场生活发挥自己的特长。做到别人有别人的精彩，我们有我们的长远安排。

是啊，就仿佛我们的现实生活一样，既然我们不会投胎没法投个富二代就不用在意别人朋友圈各种晒，管他们上山下海，活好自己就是人生最好的彩排。

所以，我们不用羡慕别人的精彩，相信老天自有安排，相信脚踏实地做好自己，就活得潇洒自在。

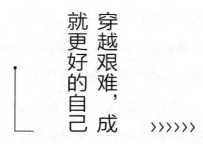

穿越艰难，成就更好的自己

前几天跟一个小朋友聊天，她特别丧气地告诉我，"每当年关的时候，我都觉得自己失败透顶，年度计划没有一个按期完成的，白白活了一年。"

然后，她慷慨又羞涩地发来了自己上一年的计划，"姐姐你说，我连这么简单的计划都完不成，是不是没救了？你能不能让我看看你的计划都是怎么完成的呀？"

还没等我答应，就看到她发来一张整齐的表格：

第一条，今年考过计算机 C 语言。第二条，十二月之前攒下三千块。第三条，暑假去一家会计事务所实习。第四条，三月份去竞选学生会外联部部长。第五条，六月份之前找个男朋友。后面附着认真整齐的每日记录、每周记录、每月记录和完成情况。

我一边默默汗颜地藏起自己写过的、没有任何定期记录的年度计划，一边打岔问她："要不，你聊聊自己的计划为什么都没完成呗。"

小朋友发来几个不好意思的表情，"就是觉得，计算机考试好没意思，而且跟我的专业也不大挂钩，实用性也不强，还不如去考个商务英语呢。而因为这个考试，报名和培训班的费用那么贵，所以钱也没攒成。暑假是跟表姐一起去青海支教，所以也没实习成。三月份的时候忙着考报关资格证，所以忙得连竞选的事儿都忘了。"

"至于男朋友……"她顿了顿，"我忽然觉得，自己好像不再那么需要有人陪着了。我一个人去上自习，一个人打工，一个人去图书馆，虽然有点孤单，可是感觉居然还挺好的。"

"连男朋友都不想找了，过得这么充实还觉得自己失败？"我开始觉得她是在手机那头带着不怀好意的狞笑反讽老人家。

"可是，我没有变成我想要成为的自己。"她发来一张难过的脸，"为这个，我已经闷闷不乐好几天了。"

"我并没有变成我想要成为的自己。"听上去多可悲的一句话，像是我们从来不能掌控的人生。

大二的时候，我想要做人见人怕的学霸，每年把最高等奖学金砸到那个笑我"学习有什么用"的舍友头上，可是因为搞乐队和玩辩论，耽搁了太多时间，以至于每年那点微薄的奖学金只敢偷偷地自己收好。

大四的时候，我想要学会做菜，却被一家非政府组织的慈善项目吸引去应聘了实习生。我整日穿梭于一场又一场的会议，没完没了地出差和整理翻译的文件。

工作第一年的时候，我想，一定要有一次说走就走的旅行，去西藏。刚订好了机票，就接到公司派下来的新项目，我只有默默又很"怂"地退掉了机票。退票的钱和我原本完美又小资的计划死在了一起。

2015 年的时候，我想要考日语，想要啃好多好多艰涩、难懂、高大上的巨著。结果，日语考试因为要出书改稿子占用太多时间而不了了之；那些被我兴冲冲一口气买回来，放在书架上几乎落满一层灰的巨著，被翻开的次数还没有我看美剧的次数多。

我并没有变成我想要成为的自己，以前不会，以后应该也不会了。可是我从未觉得，因此我不能成为比之前的我更好的人。

那些至今依然留在心里的旋律与歌词；那些一想起来就会好开心的非练；那些为了寻找论据，或囫囵吞枣或一丝不苟读完的《经济学人》和《社会契约论》，比我背过的任何一篇课文都要记忆清晰；还有那些在电脑前熬夜查资料的日日夜夜，练就了我凭借一点蛛丝马迹就能串联起关键词的能力，以及五种以上去外网搜资料的方法。

我依然需要靠外卖为生，也最终没能去一趟西藏，可实习那段时间大概是我此生英语水平最高的一段时期，无论多复杂的长句和多快的语速，几乎都可以不用反应脱口即出。在新项目中认识的同事也成了我在公司最好的朋友。我们一起重读金庸，一起重读红楼梦，然后唇枪舌剑去争执讨论，这远比我孤零零地去一个陌生的地方只为"看一看"更加有趣。

没有报名日语考试，没有读完任何一本我以为可以看懂的《浮士德》、《管锥编》、《围炉夜话》等等等等，但却在《夏目友人帐》中看到了一种温柔的强韧；在《摩登家庭》里学到了一种从未见过的沟通方式；甚至在许多看似"碎片"的知乎答案和公号推文中，想清了自己二十多年都未曾理解的东西。

我喜欢那个能够按时、按计划、按想象去成为的我，也喜欢现在的这个自己。

生活本来就是个最具变量的东西，没有任何人可以确定自己的明天：明天你所想要的会不会跟今天一样。现在你视若珍宝的，是否转眼就会弃如敝履。可是换取的，永远跟失去的一样多。而那些不曾预料的获得，比胸有成竹要更让人喜出望外。

我知道，我终将成为更好的人。所以，可以放心地不再用具体的条条框框来限制自己。在偶尔颓废到不想翻书、不想写字、不想上班的时候，也不会紧张到怀疑自己是不是得了抑郁症。在沉迷进一部好的剧集之时，不再自责地觉得荒废了时间。在失败的时候，不会灰心到去质疑努力的意义。在小有所成的时候，也用不着刻意去维持什么低调谦虚。

因为我知道，我终将变成更好的人，无论如何。我放弃了某一项计划，并不代表放弃了成长。

或许这条路跟我最初预想的并不一样，但有什么关系呢，不过是殊途同归而已。不去拒绝生活带来的任何一种可能性，才是对待生活最好的方式。

那些因为交换而获得的许许多多，并不是可以被具体量化进字里行间的一二三四，而是明明说不清道不明难与人言却无时无刻都能感受到它带来的改变和成长的存在。

或许有一天，我回头看时甚至还会感到庆幸，庆幸没有成为最初计划好的那样，而是成为了一个意想不到的自己。

那些不想去做的事，才能让你成长 >>>>>>

[1]

我第一次见老三哭，是大三上学期，哭的那叫一个酣畅淋漓，鼻涕全抹在我新买的运动服上。老三就是我们宿舍的老三，当年四个人一间背山面海的宿舍，老三门朝大海，却没有春暖花开，他长久地凝望海的那一边，掐灭了手里的烟，深沉的对我说：哥，你说她在海的那边还好吧？我弹掉手里的烟头，郑重其事地回答他：咱们这个地儿的海对岸好像应该是朝鲜。

老三说的"她"是他的青梅竹马，去了米国，老三家境一般，不能像"她"一样高中毕业直接就走，只能靠自己了。可是，老三的英语实在是太……怎么说呢？在我们学校，当年英语不过120都不好意说自己考的是英语，我们老三67分。老三英语基础之差，学英语抵触情绪之强烈，世所罕见，但是"她"就在海的那一边，还能咋地。

　　于是，老三开始硬着头皮去学英语。一件事情如果你很喜欢，很擅长，或者很感兴趣，即使再辛苦，也不会很"心苦"，老三这种就属于内外兼修，自虐逆天的修炼套路了。当时已经是大三了，老三开始苦修，半夜我们被尿憋醒，老三在水房的灯底下"午夜凶铃"，早上我们睡眼惺忪，老三早就啃着面包坐在了图书馆里。我们都毕业了，各自找到了不错的工作，老三首考失利，不得不一边兼职打零工，一边继续复习，我们是健身跑步瘦了几十斤，老三是一点儿没运动瘦了三十多斤。宿舍几个哥们儿，毕业后不常见，最后一次送老三去北京，我问老三：还行不行啊，人家在那边靠不靠谱啊，还是你就是喜欢上学英语了？老三狠狠掐灭了烟头，满眼悲愤：喜欢英语？我 × 他先人，我现在是骑虎难下，就得硬着头皮去拼了。

　　毕业十年聚会，老三没赶回来，在大洋彼岸给我们发了视频，老三和那个"她"，还有他们刚出生的第二个儿子，满脸幸福。我们拿当年的事儿打趣他，老三憨厚地一笑：还是不喜欢英语，而且这儿还有很多需要硬着头皮拼的事儿啊，呵呵。

［2］

　　我们部门四年前来了个大男孩儿，家是贵州山区的，估计这些年一路走来，智商、情商全用在读书和考试上了，社会经验什么的基本上是零，在我们这个综合协调部门很被虐。我们部门的工作要和很多内部、外部的部门单位打交道，还要和各类领导和老板打交道，迎来送往的应酬很多，大男孩儿愣在那里，布满茧子的大手不知放在什么地方好。

这个社会没人会因为你的弱而爱你，更不会因为你的老实就原谅你的错误。那些总是响个不停的电话，那些总是高高在上的领导，那些总是恶语相向的同事，那些总是不知该坐在哪个位置的饭局……总之，大男孩儿没少躲在角落里哭，但是生活还在继续，他仍在每天被碾压，毫无办法。

我是个没什么上进心的人，很多事儿都是虽然懂，却总提不起兴趣去做，知道对待下属不能失了架子，要恩威并重，但还是觉得那是狗屁，要是个封疆大吏或者富可敌国，你恩威并重也就罢了，咱上班族即使位置稍微高一点，也别装那个逼，没意思，所以一直和小伙伴们打得火热。对这个大男孩儿我真是从心眼儿里同情，人家真心不容易啊，所以就经常和大男孩儿讲一些工作经验啥的。

大男孩儿其实悟性奇高，但却一直有个心结，觉得他不是那样八面玲珑圆滑透顶的人，这个部门的工作不适合他，为什么非得去硬着头皮做自己不喜欢、不擅长的事情呢？有一回我带着他在路边烧烤，又特么来这套，当时都有点儿多了，一拳把他从板凳上捶倒，指着他的鼻子：×！都跟你哥这么长时间了，还特么跟你哥在这儿矫情？谁特么喜欢迎来送往？谁特么喜欢加班成狗？谁特么都在硬着头皮活着，你懂？你还记得你说过的话？你想把山里的爹妈接到这座海边的城市，别跟哥说你又不想费那个事儿了昂！

大男孩儿堆坐在地上若有所思……

去年，我们大老板换秘书，我没理那些给我打招呼的人，还是推荐了大男孩儿，半年过去了，大老板非常满意，说这个小伙子脑子灵活，悟性高，协调沟通办法多。

有谁知道大男孩儿那次之后，是怎么样地硬着头皮去学那些沟通、协调、应酬、交往……我后来仍然没少瞥见他强忍泪水的眼睛，也没少见他羞愧尴尬的红脸，但再也见过他躲在旮旯里抽噎地像个娘们儿，也没听过他再说什么擅长和远方。上周，大男孩儿一如既往每月和我去路边撸串儿，满脸真诚端杯敬我：哥，啥都不说了，都在酒里了，你是我一辈子的大哥，我干了，哥随意。

我二了杯中酒，冲大男孩儿半真半假一拳：臭小子，这一套半真半假，青出于蓝昂！

[3]

看到一些文章说，努力重要，但方向更重要，大致的意思就是要选择自己真正感兴趣和擅长的事情去努力，这样才能事半功倍，这样的努力才是最高效的努力。多么完美的逻辑陷阱啊，就纳了闷儿了，如果按照这个逻辑推导下去，投胎应该比选择更重要了呗？咱都是普普通通老百姓家的孩子，这个社会现在找份儿正儿八经的工作得有多难？在你梦想的城市里站稳脚跟得有多难？谁都想做自己喜欢的擅长的工作，最好还要不是很累，待遇很好，人际关系不复杂，离家也不要太远，咱们是不是自己都觉得附加条件有点儿多啊。

这个世界，没有十全十美，没有免费的午餐，人更是惰性天然，你想要的总是结果，却总拿所谓"自我"逃避过程，最终热衷于各种大神的所谓"方法"，却不知各路大神也是咬牙在和自己较劲，每天都在硬着头皮往前拼啊。

你羡慕人家自驾游，就必须先硬着头皮忍住教练的狮子吼，就必须四点钟爬起来去路考。

你羡慕人家小蛮腰，就必须先硬着头皮咬牙早起跑步，坚持健身，硬着头皮去用各种蔬菜充饥。

你羡慕人家成绩好，就必须先硬着头皮把自己不愿意学不感兴趣学的那个短腿儿的科目补上来。

你羡慕人家工作好，就必须先硬着头皮去完善自己的短板，去让自己成为更为全面的人才。

很多人都为自己找到非常完美的逃避逻辑，什么"人没必要活的这么累啊"，什么"干嘛非得跟自己过不去啊"，反正所有需要挑战自己，需要付出汗水泪水的努力，需要硬着头皮做的事儿，都是反人类，反人权的。我不知这样的人结果会如何，但这样的人却对周围的人一定毫无益处，我们不怕无功而返的平凡，我们却怕理直气壮的平庸。

《华严经》里有一句偈："欲做诸佛龙象，先做众生马牛。"

没有人天生愿做牛马，没有人天生愿意舍去安逸，可是，你还要知道，没有人天生就是你羡慕的那个人。你可以选择，但千万别上选择成为你努力的主要途径，多少人的一生就是在这样的选来选去中混过去了。那些你喜欢和擅长的事多半不会让你感受到太大压力，当然也不会让你很"心苦"，你觉得自己越过"牛马"的苦难和忍耐，终于因为自己的"明智"找了一条直接成为"龙象"的康庄大道，却不知世间事、人间情，取之易者毁之易，取之难者毁之难。很多人都是去做了自己所谓喜欢和擅长的事儿后，突然发现自己并不真的那么喜欢和擅长那些事情，于是另一个选择的轮回开始了，人生一世，草木一秋，你要轮回到何时才休？

冰心曾在诗中写道："成功的花，人们只惊羡她现时的明艳。然而当初她的芽儿，浸透了奋斗的泪泉"。

当下就去勇敢地挑战自己吧，因为那些硬着头皮去做的事儿，终将让你长进。

命运定会对自己微笑 >>>>>>

女孩毕业后分到一个不算景气的单位，心情像深秋一般萧瑟——班上最没背景的就是她，加上形象平平，性格内向，同那些似乎活在阳光里的女孩相比，她觉得自己实在没有理由快乐。

就这样不快乐地过了两年。在单位她总是默默的，像没有这个人存在似的。对于一切机会，她也从不去争取，因为不相信那些好差事会轮到她。

生活却出现了一抹新鲜的绿色——有个男孩走近了她。他们是在一个业余电脑培训班上认识的，聊起来，男孩的一位高中女同学和她同单位。

男孩长得俊朗，又能干，并且家境很好。

因为离家远，女孩每次下午下班都在单位胡乱吃点儿东西就去上课。

认识了男孩后，他常会来她单位等她，在她办公室坐坐，和她一起吃个简单的晚餐（对女孩来说是最幸福的晚餐）。

有几次，他碰见了那位高中女同学，他很愉快地向对方打招呼。而她却起疑了：他恐怕是因为那位女同学才接近我的吧？是啊，他怎么会喜欢我呢？我既不漂亮，又不出色，平凡如一粒沙子，而那个女孩生得珠圆玉润，性情活泼，说话唱歌都像银铃似的，在人群中的确比她显眼多了。

这么想时，一种痛苦就牢牢攫住了她。是的，一定是的，所以他才会听说她和那女孩是同事后又惊讶又高兴，然后不久后就常来她单位等"她"下班了……

男孩后来果真和那银铃般的女孩好了。

或者可说是她促成的吧，因为她一直回避着男孩，一起时，她也总谈那个女孩："你们在高中挺要好吧"，"她的性格挺招人喜欢，你说呢"，她总是在说着这个话题，并且，为怕受伤害，她总是有意无意流露出她有男友了——她想用先一步的不在乎来保护自己。

他和那女孩就真的好了。而她，眼泪不知打湿了多少个夜晚，她想，是了，果真被我猜中了！

直到无意中，她在电脑班的笔记本上看到了他的字迹——那次她患流感，请他代抄了几天笔记。在他替她抄的每页笔记下方，都有一行小小的英文字：I love you。写着一堆计算机语言的笔记还给她时，她并未认真看，就翻了过去。

她就那么一直消沉下去了。

她把这次爱情事故归咎为命运的一部分。就像其他部分一样，她漠然地想，是了，上天待我就是这样！

每天下了班她就窝在家里的小房间看电视，翻杂志，既不交际，也没再参加任何培训班——单位精简时，她成了第一批对象。

这一切都因为不相信——不相信美丽爱情会来临，不相信自己会有好运，不相信命运会对自己微笑！

可是，如果当初把这种不相信换成另一种不相信呢——不相信美好爱情不来临！不相信命运不对自己微笑！结局可能就是另一种了。

先走一步，再走一步，>>>>>

　　曾经有一位 63 岁的老妇人，从纽约市步行到了佛罗里达州的迈阿密市，她说：走一步路是不需要勇气的。我就是这样做的。我先走了一步，接着再走一步，然后再一步，我就到了这里。

　　在邮政局上班时，我曾陪着区公司领导去慰问一个全国劳模，他干了一辈子投递员，整整送了 38 年信，风雨无阻。大家都很佩服他，觉得他能把一件事坚持做 38 年，太不容易了，每天跑一趟邮路，来回 30 多里路，一年 365 天，38 年下来，也绕地球几圈了。他已经很老了，坐在破旧的沙发上，羞赧地微笑：上班的时候只想着把今天的信送好就行了，一天一天送下来，没想到就送了那么久。

　　台湾的文案天后李欣频，曾给自己一个期许，年龄多大时，就要走多少个国家，比如 35 岁时，就要去过 35 个国家旅行。她真的实现了自己的期许，她在书中写道：我把它们当成我的梦想，我只是一个一个去实现。

　　《潜水钟与蝴蝶》是法国 ELLEN 杂志总编尚·多明尼克·鲍比在急性中风后创作的一部小说，患病后，他全身瘫痪，只有左眼眼皮能够跳动，而他，就是依靠那只眨动的眼睛完成了这部小说的创作。写作开始时，大概没人能够相信，一直等到这本自传体小说出版后，大家才惊叹这是一个奇迹。我看过由小说改编的电影，一个助手坐在他的床前，一个字母一个字母地念，碰到他想要的字母时他就眨一下眼睛，工作的难度可想而知，但他还是完成了。如果问他，我猜想他肯定会回答：眨一下眼睛是不需要勇气的。

　　由于长时间坐在电脑前工作，颈椎、腰、屁股哪哪都疼，心里就不由得害怕，怕自己未老先衰，怕像三毛一样，得了坐骨神经痛。于是，想去跑步锻炼身体。站在偌大的操场上，红色塑胶跑道又宽又长，我暗暗惊叹：老天啊，我能坚持跑下来吗？我给自己定了 5 圈的目标，开跑没几步，就开始气喘吁吁，面红耳赤，从来没感觉自己那么笨重过。

　　两圈之后，我打算放弃，我真的觉得自己坚持不下来。忽然，我想到了从纽约步行到迈阿密市的老妇人，想到送了一辈子信的投递员，想到了李欣频，那么难的事，他们都能做到，跑步这么简单的事，我怎么就做不到呢。对，我只要每次坚持抬脚跑一步就行，毕竟，跑一步是不需要勇气的。真是奇迹，那天我竟然跑完了 5 圈。想当初，在学校开运动会时，我永远都是中途放弃的运动员。

回家的路上，虽然满身是汗，脚步沉重，但心里从来没有过的舒畅。我终于也战胜了一次自己的恐惧。是的，走一步路是不需要勇气的，准备一次旅行，过好一天也是不需要勇气的，写一个字，更不需要勇气。

我们总是习惯于神话奇迹，把自己畏缩成一个仰望别人成功的仰慕者，其实，临渊羡鱼，不如退而结网，只要你肯耐心守着自己的网，没准你的鱼也会成为别人眼中的奇迹。

总会有路到达 >>>>>>

　　大学毕业那年，赶上经济危机，本来就没有多少工作机会的城市，一时间更是"人才济济"。对于未来，我并没有多少奢望，只希望能找到一份专业对口的工作，让自己独立起来，减轻父母的经济负担。

　　那天，我又一次垂头丧气地从招聘会回来。刚坐下，就接到家里的电话，让我回家过端午节。我这才意识到，自己很久没有给家里打电话了，心里面不禁涌出一丝酸楚。

　　父母见到我很高兴，母亲说我黑了瘦了，说我以前过节的时候都会给家里打电话，可是今年没有接到电话，问我是不是找工作不顺利。我拼命伪装的坚强在母亲的一番关心中瞬间崩塌，顷刻间，泪流满面。我哽咽着把多日来的委屈和艰辛和盘托出。母亲心疼地搂着我的肩膀安慰我，要我在家里休息一段时间再出去找工作。

　　在家的日子，除了帮父母做家务外，就蜗居在自己的小房子里看书。我不愿意出门，害怕听到别人的议论。父母一直在鼓励我，安慰我，但是我的心情依然低落。

有一天，在地里干农活的父亲打电话，要我送一件农具给他，说清楚了大概的位置就把电话挂了。那块地，我以前去过，就在家对面，大概 20 分钟的路程。要经过一条河，那条河的水不深，有一座钢丝桥连接着两岸。按照记忆中的路线走到了河边，可是钢丝桥早已不见了。这时我想起，母亲说过村里准备在河流的上游修建一座桥。我沿着河堤朝上游走着，走了 500 米左右就看到了一座石拱桥，穿过石拱桥，我又朝相反的方向走去，大概走了 30 分钟的路程，我见到了父亲，虽然绕了点路，可最终还是到达了目的地。

父亲得知我找不到钢丝桥绕路走石拱桥后，微笑着说，原来的那个钢丝桥已经被洪水冲走了，现在过对岸大家都走石拱桥。路是远了点，可也能到达。我没有告诉你这些，就是想让你自己想办法绕路。走路一样，做事情、找工作也是一样的，一条路走不通并不意味着就真的过不去了，其实路的旁边还是路，只要你肯思索，多观察，愿意多走几步，也一样可以到达目的地。

我的眼睛湿润了，我明白了父亲的良苦用心。

第二天，我买了回城的车票。再次来到招聘会，我不再像以前那样非要找专业对口的工作了。很快，我在一家小公司干起了文员。我处处留心，积累经验，从小公司到大公司，从文员到企划专员，再到如今的策划。一步步，终于干上了刚毕业就想干的工作。虽然走了一些弯路，现在回头想想挺值得。

每每想起这些年的经历，我就会想起那次绕路给父亲送农具的情景，想起父亲那些话，正是那些话一直鞭策着我，鼓励着我不停地前行。

做好最重要的那个人

>>>>>>

黑暗的破旧棚屋里，一盏极小的玻璃容器中闪烁着一点略带蓝色的荧光，那是一分克纯镭所发出的射线。一位妇人热切地注视着黑暗中的那点蓝色，仿佛那是世界上最美的景象。

十多年前，当我第一次翻开《居里夫人传》的时候，我并没有想到这个跟我有着巨大时间和空间距离的女性会差一点儿改变我的人生轨迹。

居里夫人的故事是从她的童年开始娓娓道来的，那时的她名字还叫玛妮雅，带着一个长长的波兰姓氏，有着宽阔的额头和柔软的金色头发。在她四岁的时候，就能够比大她几岁的姐姐还要流利地读出书本上的文字。她还能够从小学到中学一直保持每门课的成绩第一名。

最吸引我的是，"物理"这个对大多数人而言抽象而艰深的名词，对她而言却是一个充满乐趣的神奇世界。在巴黎求学的时候，她非常容易地就弄懂了那些枯燥的物理名词和原理，并运用自如。

那一年，我刚上初二，在许多同学为要开始学习物理化学这两个崭新学科而长吁短叹，忐忑不安的时候，我却踌躇满志，甚至是迫不及待。因为，我马上就要走进居里夫人的世界了。

或许是这种积极的心态使然，我很轻松地就学好了物理和化学。尤其是前者，对我而言，并没有传说中的"门槛"，我大踏步地迈进了物理的世界。

居里夫人曾将那些精密的物理仪器视作世界上最有趣的"玩具"，在她眼里这是一门能够研究出"支配宇宙"定理的学科。而对于刚刚入门的我来说，那些初级的物理仪器和现象，已经足够令我沉迷了。

那些复杂的电路图仿佛是隐藏着玄机的地图，我可以根据它们顺利地把电流表、电压表、电阻、灯泡连接起来；动、定滑轮和杠杆像极了哆啦A梦的神奇工具，能够让人节省那么多的力；还有地面的标准大气压强，它只能让汞柱升高到76厘米，多一丁点儿都不行，这是何等的精确与奇妙……

有那么一段时间，我甚至觉得自己可以成为另一个居里夫人。当然，当你看到我写的这篇文章的时候就已经知道了，我的梦想并没有实现。

这种心态一直持续到高中。物理对我来说一下子变得吃力起来，每一堂物理课，老师在上面讲得头头是道，我坐在下面听得津津有味，当拿出习题册却总是无从下手。

这种失落让我一下子从"成为居里夫人"美梦的云端，以9.8m/s的重力加速度跌落到现实的地面上。

最终，残酷的现实让我不得不重新对自己进行定位。最终高考志愿，我填写的是一个自己一直比较擅长却被自己忽视的专业。

我进了一所文科院校，刚入学的时候，我以为自己会怅然若失，会在心底深切地缅怀那个今生无法实现的梦想。可事实上，我快乐而又从容地度过了大学的四年，原因似乎很简单：我再也不用费尽心力地讨好物理了。

我终于相信了韩愈"术业有专攻"这句话，也庆幸自己没有偏执地跟物理死磕下去。

不过，我还是想感谢居里夫人，她虽然没有成功地将我带入到科学家的世界，但确实教会了我很多东西。

比如如何看待光荣与奖励，如何面对挫折与磨难。在她最辉煌的时候，她将诺贝尔奖牌随手交给女儿当玩具；在她最痛苦的时候——丈夫皮埃尔·居里因车祸身亡之后，她还依然如期去学校给学生上课，完成自己教师的职责。

大学毕业后，我去了香港继续读书。第二学期有一门名叫"电台节目制作"的课，因为老师是香港电台前台长而吸引了许多学生，一度选课的人爆棚。当老师把这个学期的课程大纲和功课计划通过投影展示出来的时候，严格的要求和繁重的功课量让很多人打了退堂鼓。第二堂课，我成了依然坐在教室里的少数人之一。

我知道自己的声音条件不够好，但即使做不了主播，过过主播的瘾也是不错的，更何况，我是一个曾经不知天高地厚跟物理死磕过的人啊。经过一个学期的努力，我们每一个人都顺利完成了之前想都不敢想的两次三十分钟时长的 on air（现场直播）和个人独立制作的二十分钟时长的广播节目。

时至今日，我做了与最初设想完全不同的工作。没能成为居里夫人的挫败经历教我懂得了，有些风景，即使无法置身其中，但远远地欣赏也不失为一种乐趣。

世界如此美好，做不成居里夫人，至少可以做我自己。

找一个心甘情愿的理由 >>>>>>

我的实验室里有个研究助理，跟我请假三个月，说是要准备研究所的任职考试。通常只要是上进的事情，我当然乐于支持。

请好假之后，她虽然不用工作，仍然每天带着书来实验室读。没几天，我就注意到她边读边唉声叹气。

我问她："考研究所不是你的心愿吗？为什么读书读得唉声叹气的？"

她说："我是想考研究所没错，可是，我觉得花两个月时间准备，好浪费时间。"

"如果不想浪费时间准备，那干脆放弃研究所考试好了。"

"不行啊，"她说，"这么一来，发榜之后，万一看到别人考上，我会不甘心的。"

任何人，只要有了这样"读也不甘心，不读又不放心"的心态，接下来只好用"自我欺骗"来安慰自己。好比说：心不在焉地去参加补习班，或者每天带着书来实验室或去图书馆念书，却整天唉声叹气，到处和别人聊天。

我看她这样根本不是办法，于是把她找来，问她："请问，花多少时间的筹码准备考试，万一赌输了，你也觉得是可以接受的？"

她想了想说："一个月吧。"

我说："既然如此，你去好好地玩一个月再说，一个月之后，再回来冲刺。"

"只准备一个月，会不会考不上？"

"反正情况也不会比现在差到哪里。"

她听了之后，笑起来。

从第二天起，我的助理真的不来实验室，旅行去了。高高兴兴玩了一个月，她又回到实验室来。我问她："玩得开心吗？"

她点点头，告诉我："我现在可以准备考试了。"

从此之后，她每天乖乖来实验室报到，用功读书。几个月发榜之后，她不但考进研究所，而且还是以第二高分被录取的。

她逢人就告诉人家我教她的这个方法，还说："你不知道，玩一个月下来，全身充满罪恶感，开始准备考试以后，用功的程度竟然连我自己都吓了一跳。"

后来，又有人跑来跟我请教这个考试的方法。老实说，我说的这个方法，并不是每个人都适合，也不是每一次考试都有效。

但是，有个重点是我觉得放之四海而皆准的，那就是：做任何事，都得找到一个让自己"心甘情愿"的理由。少了这个心甘情愿，什么努力都要打折扣。

想做咨询的专家不是好博士

>>>>>>

"我想做企业咨询，但是家里人要我考气象学博士。所以我只好做个市场调查专家。"

在咨询室里，他讲的这个开头，竟然让我一下子没有反应过来，难道这就是传说中的"不想当厨子的裁缝不是好司机"的现实版吗？我挥挥手，努力甩掉脑子里闪过那个气象博士在一个市场调查公司做企业咨询的画面，他继续讲下去。

他是气象学研究生，已经在某城的气象局工作，工作稳定，工资不高不低，读博士的前程可想而知会顺理成章。但他偏偏觉得工作没意思，他从小喜欢人文哲思，脑力激荡，大学还出任校队辩论队员。所以偶然在网上看到企业咨询，就觉得这是个一边需要动脑筋，一边还能帮助人，收入也不错的工作。此举自然遭到举家的"群殴"——什么企业咨询？和你现在做的一点关系都没有！肯定是读博士比较好啊！他们说。

看来企业咨询最大的罪名就是和现在的工作无关，那么什么和现在工作又有关呢？他思前想后，才想起自己曾经还在一家市场调查公司做过市场调查员，这个选择看起来更加靠谱——因为自己数理能力可以很好地应用。

不过他好像已经忘记了，自己一开始是冲着企业咨询去的，被家人一吓唬，怎么又选择起"有关系"的市场调查起来？本来想要上山打老虎，一看老虎比较凶，回来路上找了条狗，准备大餐一顿，很多人的生涯就是这么开始凌乱的。

其实也难怪他乱，从职业规划的角度，他陷入了生涯最重要的三个原则的博弈：目的性、延续性和匹配性。一个好的职业道路，应该是向着自己想要的东西，能整合过去的资源和技能，以及和当下环境最匹配的一条。

这些道理听上去美丽，但是仔细一想是个技术活：因为未来有更好的，而他现有资源却不支持。迈向未来往往意味着要放弃过去（家人说的"没有关系"），而有关系的又不一定连着未来（他自己感觉"没意思"），这期间还要找到当下环境允许的方式。

故事的结果也很简单。他在我的帮助下了解了企业咨询这个职业，发现虽然赚钱，却也并不哲思（其实这世上哲思何尝有赚过钱？）他想要的其实是思考和助人，而且别太冒进让自己家人受伤。随着对于资源的梳理，另一种可能逐渐浮现：留在现在稳定的本职工作。同时开辟业余职业：科普作家，去知乎和果壳这样的网站投投稿，然后寻找一个喜欢的博士学位读读。这样一来，既满足心愿，学位和职位又都没有白费，同时家人社会也喜闻乐见。虽然我们都知道这个选择并非终身到老，但他觉得豁然开朗，准备先做一段时间，日后发展起来，路终会越来越清晰的。

过年回家，与中学同学聊什么是职业规划。我试着用这个故事和他们解释。你要知道，哪怕你有天当了于丹姐，你的中学同学也永远不会崇拜你，他们只会继续成群结队"羞辱"你。他们说，你不就是忽悠一个买不起iPhone5的穷哥们，买了两台手机吗。

其实他们说得不无道理。电话的发展是社会发展的缩影：一开始大家觉得有固定的座机就不错了，慢慢地开始希望移动和无线起来，然后我们希望手机成为听歌看片接电话的全功能，最后又醒悟还是一般的智能机＋有专业耳机的MP3＋单反来得更专业。职业生涯也是一样，一开始有份工作就谢天谢地，然后是天天想着移动和跳槽，最后希望有一份能赚钱、受尊敬还有梦想的工作。慢慢地我们一部分人想明白了，也许我们不妨用一份工作＋一个生活＋一个兴趣的配置更好。

只要这是个选择越来越多的世界，就是个好事。

跳出眼前的绝境 >>>>>>

再有几分钟，商人就要结束自己的生命了。

商人是因为经营不善，多年的奋斗一夜间化为乌有而痛苦万分，终于决定自杀。

商人爬上山顶，灿烂的晚霞把天空铺成红色，一条尺来宽的小路展现在商人的眼前，小路直通崖壁，距离不过一二十米。他的生命也只剩下这最后一二十米的路途便可以走完。人生是多么短暂啊。

谁想，就在这个关键时刻，前面却有一个人挡住了商人的去路，而且还是一个女人。

女人坐的地方，正好把前边的小路堵住。商人进也不是，退也不是，他万没想到，在自杀的路上，还会碰到这么一幕，他有些尴尬。女人坐在路上，悲痛欲绝，一边哭着，一边唠叨着什么。商人站了一会儿，仍不见那女人动弹，自己又不能退下去，只好上前询问。

商人问："姑娘，你跑到这里来做什么？"

姑娘把商人当做了来劝自己的人，愤愤地回头瞪他一眼："我就知道你们会找到这里，你们谁也不要拦我，今天我一定得去死！"说着姑娘站起身，直奔崖边跑去，眼看就要一头跌下崖去。

商人惊出一身冷汗，他急得大喊："姑娘，你弄错了，我不认识你，我，我也是来跳崖的！"

商人的话让姑娘愣住，站在悬崖边的姑娘收住脚步，扭过头来看他："我还以为你是他们叫来劝我的。"

商人说："我和你一样，都是不想活的人。姑娘，你有什么大不了的，也要跳崖？"

姑娘答道："我的男朋友有了别的女人，抛弃了我，没有他我就活不下去。我真是太痛苦了。"

商人说："那以前你没有男朋友时，是怎么过来的，怎么说没有他，你就会活不下去呢？"

姑娘听罢愣了，显然，商人的话很有道理。姑娘不哭了，问商人："那你是为什么要跳崖？"

商人也被问得一愣，叹一声道："我跟你不一样，我一夜之间，企业赔了个精光，好几千万元啊。我死了也就一了百了！"

姑娘不屑地说："就为这？！你以前肯定也没有那些钱，你不是也活过来了吗！你还说我。没钱就去死，那世上得有多少人去死啊！"

　　商人听了心里也一惊，心说，是啊，自己劝别人张口就来，怎么到了自己这儿，同样想不开呢。

　　这是一个真实的故事，两个人那天谁也没有死。他们以自己的"死"，点拨了对方。人，有时看别人，会看得清清楚楚，看自己却难上加难。看别人的一切都不值当，自己的问题却比天大，甚至寸步难行。

　　多少年后，姑娘又有了新的心上人，而且令她更为满意。多少年后，商人也又有了自己的天地，而且更有发展的潜力。人，有时像是把路走死了，眼前全是绝境，只有跳出来，你才能发现，一切并非像你认为的那样。

让坚强成为习惯 >>>>>>

有人说，判断一个人幸福不幸福，要看他早上睁眼的那一刻，脸上是否带着微笑。生活在这个纷繁复杂的社会，我们背负的压力来自四面八方，每一天，我们都需要坚强，去对抗心灵的反叛和灵魂的疲倦。

如果可以选择，我希望能睡到自然醒，有足够充沛的精力去面对日常所有的烦琐；如果可以选择，我希望有双休的周末，三五朋友相约过一种慢下来的生活，去体验时光的消瘦；如果可以选择，我希望能让自己的足迹更广泛地踏遍祖国各地，而不被过多地束缚。

但是，每一天我们还是需要坚强，即使在睁眼的刹那间，心底一百个不情愿地挣扎着起床，可是我们还是得用飞一般的速度解决完洗脸刷牙，过着打仗一样节奏的生活。连续没有休息的时候，拖着疲惫的身躯眼皮在打架，慵懒的精神在无声的抗议，我只是一块行走的肉。而一旦，获得充足的休息，让身体和心灵得到阳光和雨露的滋养，年轻的心又迅速地恢复弹性，一扫消极的情绪，再次投入到风风火火的生活中。

每个人都有他独特的脾气，每个人都有他的压力与无奈，尘世中没有哪一方净土能让人不受到伤害。职场上你徘徊不前，被人暗算，心力交瘁；感情上你千回百转，始终遇不见意中人，面对年老父母的催促，你烦躁又无奈，被冠以不孝的罪名；在这个城市你年复一年地付不起一套房子的首付，永远处在缺钱借钱的状态，想要的生活总是在前方，总是差一段距离。

也许，有时候你也静下来拷问自己，这是怎么回事？面对周围的人，总觉得自己活得不够洒脱，别人的生活方式自己想过也过不了，冲破不了自己内心的樊篱，只能在自己和环境限定的圈子内，继续重复着日复一日的忧伤和欢乐。

可是，即使有一千个理由让我们暗淡消沉，我们也必须一千零一次地选择坚强面对。活着，体会着生命里每一次心灵的阵痛和改变，回忆着自己的历史和周围环境的历史，来作为现实的参照，我们也能找到一种安慰；暂时得不到想要的大生活大快乐，但触手可及的小快乐只是等待你发现的眼睛去挖掘。

当每一天的坚强成为一种习惯，也许有一天突然撤去一种压力，我们会连自己要做什么都搞不清楚，不是每个人都有足够的定力，一直坚持去做自己喜欢的事情。也许，坚强已经成为一种世界的民族的趋势，从奥运会到世博会、亚运会，中国也一直在坚强地进取。小到一个人，大到一个国家，都在不停地努力付出，一天天让自己活得更好。

每一天的坚强，是我们活在这个世界的有力支撑，是人类赖以生存的氧气，若我们始终能以包容和柔和的眼光去看待坚强，坚强，其实是一种自然而然的生活状态。

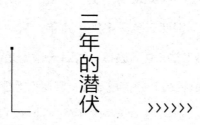

匈牙利的提索河上，每年夏天都会有"提索花季"。在刚刚进入夏季的某一天，满河道的蜉蝣，会神奇地在同一时间浮上河面。浮上河面的蜉蝣，都已经潜伏河中三年，它们霎时布满河面。因为雄虫的翅是蓝色的，雌虫是褐色的，它们就像河上开满了蓝色和褐色的花朵。

三年的沉寂和孕育，突然饱满绽放，美丽惊艳，使提索河成为最著名的蜉蝣国度，匈牙利的提索河因此而名扬世界，成为欧洲最著名的景观。每当蜉蝣惊艳的时刻，提前几天，匈牙利的提索河流域就吸引了世界上无以数计的游人，因为人们知道，它们的惊艳表演只有三小时！三个小时之后，提索河上的无数蜉蝣就同时凋谢了，它们三年的潜伏，就是为了三小时的怒放！

蝉在中国古代象征复活和永生，这个象征意义来自于它的生命周期：它最初是幼虫，后来成为地上的蝉蛹，最后变成飞虫。小小的幼虫从卵里孵化出来，呆在树枝上，秋风把它吹到地面上，一到地面，马上寻找柔软的土壤往下钻，钻到树根边，吸食树根液汁过日子，少则两三年，多则十几年，从幼虫到成虫要通过五次蜕皮，其中四次在地下进行。最后一次，是钻出土壤爬到树上蜕去干枯的浅黄色的壳才变成成虫。因此，蝉是见不得天的昆虫，虽然寿命很长，但是很少很少在阳光下生活，几乎一生都在黑暗地下度过。尽管有几年不见天日的生活，一旦破茧而出，它们立刻成为季节的象征，从夏天到秋天，一直不知疲倦地用轻快而舒畅的调子，为人们高唱一曲又一曲轻快的蝉歌，为大自然增添了浓厚的情意，赢得了"昆虫音乐家"、"大自然的歌手"的美誉。

在南半球有一种鸟，它的歌声比世界上一切生灵的歌声都更加美好动听，但是它只有找到一种荆棘树，落在长满荆棘的树枝上，让荆棘刺进自己的肉体，才能够歌唱。从离开巢窝的那一刻起，它就开始了寻找荆棘树的旅程，直到如愿以偿，找到那种长满如针一样锋利荆棘的荆棘树。这个时候，它就落下来，而且要选择最尖、最锋利、扎进肉体最长的荆棘。它的身体被锋利的荆棘刺得血流如注，疼痛难忍，生命就要奄奄一息了，它开始了让所有会歌唱的鸟自惭形秽的歌唱。一向自比歌王的云雀和夜莺，在它的歌声面前也黯然失色。不久，荆棘鸟的血流尽了，一曲最美妙的歌声也戛然而止。然而，整个世界都在静静地谛听着，上帝也在苍穹中微笑着。所有听到歌声的人和鸟儿都在向荆棘鸟致最后的敬意。因为大家都知道，最美好的东西，只有用深痛巨创才能换取。

面对这几个故事，我一直都在沉思：蜉蝣一定是知道的，它三年的孕育就为了三个小时的怒放。荆棘鸟也一定是知道的，它寻找荆棘树，就意味着寻找死亡，就意味着生命的结束，就意味着承受连生命都承受不了的痛苦。蝉也一定是知道的，它经过一个季节的鸣叫之后钻入地下面对的又是几年的暗无天日。可是，它们无怨无悔，一如既往，前赴后继，一代一代演绎着生生不息的故事。

我在想，我愿意做这些让人敬重的生灵吗？我如果是它们中的一员，我愿意几年的沉寂就为了三个小时的怒放吗？我明知道要度过暗无天日的几年时间还一往无前吗？我肯为了美丽的歌唱去寻找荆棘树吗？找到了荆棘树，我肯落在最尖最长的荆棘树上吗？我不敢说。

但是，我知道有人愿意做蜉蝣，有人愿意做蝉，有人也愿意做荆棘鸟。所以，千百年以来，人类的长河中，也像神奇的动物世界里一样，不断上演着伟大的震撼，不断上演着伟大的惊心动魄，不断出现着可歌可泣的人生故事。

进得庙里会发现，每个殿门口都有一道门槛。人生就像这道门槛，需要过得自己过得人。然而人偏偏都要追求完美，于是许多时候，就过不得自己也过不得人。说得再白一点，就是不仅自己跟自己过不去，和别人也过不去。

譬如画家，要求自己的画从构图、用色、立意都完美，画到最后肯定要撕掉。谈恋爱，都幻想找门第高，人品好，相貌佳，身段美，高富帅，这般十全十美的人哪里去找？这道"门槛"不仅别人过不去，最后自己也被拦到了"门槛"之外，最终肯定孑然一身。

所以人一定要跳过自己。

可是，越是"说说道道"的人，要求别人的标准高，要求自己的标准也高。譬如诗人，杜甫的"语不惊人死不休"，听着多吓人。有那种天赋当然能"语出惊人"，一个才思平平的人若给自己也定这个标准，非得挤兑自杀了不行，你说这是不是和自己过不去？

事事要求完美，是人生痛苦的根源。"吟安一个字，捻断数茎须"，为了一个字用得稳妥确切，诗人把胡子都捋断许多。现代作家常一天写万字，照这样不仅胡子没了连头发也得揪光。所以，艺术品的产生给人以完美的愉悦，它的产生过程恰如分娩，是痛苦的。

然而人不是艺术品，谁追求人的完美，追求人生的完美，那就是和自己过不去，就是不能"跳过自己"。

有句俗话是狗不嫌家贫，儿不嫌娘丑。这是一种天性，也是一种无奈。倘若儿女苛求父母便是不通情理，然而父母要求儿女却大都像要求艺术品那样的完美。要求标准越高，失望也越大，所以许多人面对子女时更是不能"跳过自己"。

每个人的人生都不是完美的人生，旧戏中的"洞房花烛夜，金榜题名时"，只是人们对"大团圆"的奢望。最有代表性的喜剧人物是唐代的郭子仪，有一出戏叫《打金枝》，另一名字叫《满床笏》，就是说郭子仪家做官的极多，床上放满上朝见皇帝用的笏板。史载郭子仪八子七婿皆显贵于当代，郭子仪官居高位，且寿享耄耋，这样的人当然成为人们钦羡的对象。然而，有谁知道郭的一生够得上"六起六落"了，然而他屡黜屡起毫无怨尤，冷静面对自己，冷静面对现实，故而能享富贵寿考四字。

人的生死祸福谁也代替不了谁，面对成功必须要跳过自己，这样才能取得下一个成功；面对失败必须要跳过自己，这样才能战而胜之迎接新的挑战。人生就是走着坎坎坷坷的路，有上起下伏，有左颠右簸。陶醉在成功中，会晕眩会忘形，是跳不过自己的悲剧；颓倒在失败里，就懊丧就自责就后悔，同样是悲剧。

跳过大喜，跳过大悲，喜伤心、怒伤肺，平复我们的情绪，平复我们的心情，过得自己过得人。

保持你的饥饿感

保持饥饿，

是为了让自己保持敏锐，

保持清醒。

是要保持一种状态，

一种青春的姿态。

>>>>>>

保持你的饥饿感 >>>>>>

在我二十岁出头的那几年，胃口好得出奇。

每天深夜，我们都聚集在烤串摊前。我们扯淡，喝酒。夏夜，在隔壁摊上叫上一打啤酒半个西瓜。毛豆，花生，兔头，鸭爪。整夜在浓烟滚滚中度过。烤串其实并不好吃，但是当时我爱得要命，以及那人间烟火的味道。

不吃串的日子里，我们自己做饭。冬天，我们自己腌酸菜。最冷的日子，酸菜白肉粉丝豆腐锅。做酸菜猪肉饺子，搁大量的油。油多肉满，酸浓可口。满屋子的朋友，欢声笑语，面粉飞舞。

节制？那个时候，我连"饱"是什么都不知道，只知道"撑"。对我来说，"恰好"就意味着没劲，只有过度才有吸引力。生活是一场盛宴，它应该是一场盛宴，如果它不是，那么我就用食物塞满它。

饥饿是什么？我想，饥饿是一种生活状态。二十岁的饥饿，是全身心的饥饿。对爱情、对生活，对一切。

　　饿是一种什么样的感觉？这感觉我很熟悉，因为这三年中，它一直没有离开过我，我想，还会跟随我一辈子。村上春树曾经在一篇短篇小说里非常文艺地形容过，他把饥饿描绘成一幅画："乘一叶小舟，漂浮在湖面上。朝下一看，可以窥见水中火山的倒影。"坦白说，我觉得他不是很饿。饥饿本身没有诗意，没有尊严。饥饿类似于疼痛。在长久持续的饥饿中，胃液烧灼，胃壁摩擦，你会感到真真切切的疼痛。节食之所以很难，是因为这是在与人最基本、最原始的欲望对抗。对抗的结果往往是焦虑、沮丧、崩溃和疯狂。但是我赢了。当然，不是每次都赢，但是赢的时候居多。

　　我想说，人最可怕的是习惯。我们能习惯一切事物，包括饥饿。慢慢地，我追求的不再是"饱"，而是"不太饿。"我开始喜欢"微饿"的状态。在这种状态下，人的神志特别清醒，看画，看书，看电影，印象格外鲜明。

　　我当然瘦了，前后瘦了将近四十斤。那种感觉很好，好得超过了挨饿。我爱那种感觉——有了可能性的感觉。变成更美的自己，是有可能的；变成更好的自己，是有可能的。你值得拥有那么好的生活，因为你也那么好。

　　饥饿像一把刻刀，慢慢地雕刻出一个真实的轮廓。所有的胖子都长得很像，都有类似的表情和体态，那个瘦下来的你，才是隐藏其中的自己。

到了三十岁，我开始觉得"节制"不是一件坏事。吃一点点，反而觉得滋味更好。饕餮的舌头味觉会麻木吧？而我那清心寡欲的舌头，一点点美味都会令我感动得幸福不已。一碗玉米面粥，我能喝出谷物丰盛的香气；一碗热气腾腾的大米饭，再浇上一点点肉酱，那就是人间美味。

很久以前，我们都听说了那句著名的名言：保持饥饿，保持愚蠢。保持愚蠢对我来说很容易，我一直都是一个热情的蠢货。保持饥饿，是什么意思？我想，在现代社会，吃饱变得很容易。人到中年，就是一个物质日益满足的过程。消化变慢，代谢变慢，容易变得迟钝安稳，也容易变得沾沾自喜。保持饥饿，是为了让自己保持敏锐，保持清醒。不是要变得贪婪，不断地追求满足，相反，我觉得，是要保持一种状态，一种青春的姿态。在饥饿的年纪饿，是一种常态。在不饿的年纪，要让自己有点饿。保持饥饿，是要珍惜真诚的感官，磨碎出发的欲望。

饥饿是很好的锻炼，我相信。

缓下来 >>>>>>

　　每天太阳会斜着从窗户边照进来，就像孙悟空拿金箍棒在地上画的圈儿，往里一站浑身立刻暖洋洋的。偶尔会低头看看，窗外的花花草草没变，旁边还是那几只自己会开门关门进出自如的鸟，可是，很多时光却过去了。我的书桌上还摆着土土的百日照，而那个胖乎乎脑门儿上点着红点儿，手上戴着银锁的哪吒般的男孩儿，如今已成翩翩少年。

　　黎戈在《私语书》里说：很希望自己是一棵树，守静，向光，安然，敏感的神经末梢，触着流云和微风，窃窃地欢喜。脚下踩着泥，很踏实。还有，每一天都在隐秘成长。

　　也许是新陈代谢慢了，一切都缓下来了。每天有大量的时间用来读书和细细回味，很多年轻时纠结的事，能够豁然开朗，拿起放下也变得从容多了。来自市井的温情就像炉子上的小豆稀饭，咕嘟咕嘟地冒着热气，飘着股饭香。我喜欢生活里的人声嘈杂，喜欢小日子里的喜怒哀乐，喜欢跟家里人在一起的天伦之乐，喜欢在朋友面前的嬉笑怒骂。如果生活是一幅画，那这幅画真的算不上精致，但很生动就足够了。

总是想起一个同事参加完亲戚的葬礼，回来说："躺在她的床上我一点都不害怕，因为跟她的照片对视，我心里没有愧疚。"当时大家一起感慨了一会儿生命无常。她说，一定得对身边人好，不然生命彼此相送的时候，你会心里有愧无法对视。当时，我的内心就开始翻涌，看看有没有什么愧疚埋在心里尚未弥补，因为我们来生，真的不再相见。

很多人还在为爱纠结，我想这是我们隐藏得最深的情感了，是唯一对自己也要保守的秘密。有人说，你爱上谁，便是递给谁一把尖刀，但你无法预知哪天他是会用来为你削苹果，还是会朝着你心口狠狠扎下。其实，你忘了，你手里也有刀，爱若是变成了短兵相接就太可怕了。翻脸之后的爱，最残忍。

有很多情感作家站在高处给众生指点迷津，有时候看他们对答，就像看见有人家里丢了东西非得去找瞎子算命似的，必须问清楚到底谁偷的，朝哪儿跑了，东西能不能找回来。你把自己的日子过得一团糟，问情感作家，还真不如问街坊邻居呢。我特别不擅于挖掘别人内心，有时候觉得他们在倾诉的时候整个人仿佛处在幻觉里，我又不能总说："最失败的听众是，人家随便说，你却当真了……"所以，凡是要求我为情感答疑解惑的，我一概会写一张纸条：人生，总会有不期而遇的温暖，和生生不息的希望。如果是十年前，我拿到这张纸条一定会往地上啐一口，认为别人站着说话不腰疼，在这敷衍了事。但现在，我会觉得，感情挫折，相对于人生的无常，是多大点儿事儿啊！

爱，可以是小溪，一路叮咚叮咚，让整个林子都知道这儿流水了。也可以是湖，静静地映衬着四周的山林，沉默无语。还可以是海，无论飓风还是暴雨，都能包容。当然，更多人的爱是自来水，自己控制着水龙头的水流，不交水费我立马把你总截门给掐了。

有些烦恼是我们凭空虚构的，而我们却把它当成真实去承受。很喜欢这句在印度流传的话：无论你遇见谁，他都是对的人。无论发生什么事，那都是唯一会发生的事。不管事情开始于哪个时刻，都是对的时刻。已经结束的，已经结束了。

驾驭财富还是心灵 >>>>>>

卡尔是一位奥地利富商，长期从事家具和室内装潢业，经过多年的财富积累，身家达到数百万英镑。他不但没有去享受金钱带给他的欢乐，相反，他正准备变卖自己的全部家当，把所得捐给慈善机构，用于资助南美洲的孤儿和穷人。他的家产包括一处总面积为 3455 平方英尺、价值 200 万英镑的豪宅，还有一处面积达 17 公顷、售价 61.3 万英镑的乡间农舍。此外，卡尔还变卖了他收藏的 6 架滑翔机和奥迪 A8 豪华座驾，价值分别为 35 万英镑和 4.4 万英镑。除了上述固定资产以外，卡尔甚至把为他带来这些财富的生意都转让了。

他为什么要一点不剩地变卖家产？卡尔这样说：我打算什么都不留，金钱往往会起反作用，它不会让你快乐。我生于一个非常贫穷的家庭，我从小就认为物质越丰富生活越奢侈，人就会越幸福。但随着时间的流逝，我感到自己正逐渐成为财富的奴隶。

卡尔打算搬进位于阿尔卑斯山中的一座简陋小木棚，或住进奥地利西部因斯布鲁克市一间狭小的廉租公寓中，过一种简单但却快乐的"穷光蛋生活"。如今，在"摆脱"了大部分财产之后，卡尔由衷地感叹道，他体会到了"自由与轻松"。但卡尔的妻子无法理解丈夫的行为，已经选择和他离婚。卡尔称，如今一无所有的他可能要找一份工作来谋生。

在很多人看来，卡尔实在是一个另类。但是，我们从卡尔身上是不是能看出些什么？

金钱实在是个好东西，但它奢华的背后到底干涉甚至剥夺了人们多少的自由与轻松？没有人知道，除了你自己。

在金钱面前，有人选择驾驭财富，有人选择驾驭心灵。我想，卡尔可能属于后者。

两次零分的教授 >>>>>>

　　章杰教授，海外学成归来，是一所高校的名师，其爱国之深，学识之渊，治学之严，无不为人称道，尤以中外文论诗评独步一时。一次，当他给学生讲起"学无止境"时，肃然动情，不饰隐讳，讲述了前不久两次得零分的事。

　　一天，读五年级的孙子一回家就嚷："爷爷，我考考你，我有道题。"章杰教授正在浇花，闻言一笑："小宝贝，出题吧。"孙子摇头晃脑道："床前明月光，疑是地上霜，举头望明月，低头思故乡。请问，这里的'床'是什么意思？"章杰教授想都没想："就拿这考我，不就是睡的床嘛。"孙子拍手大笑："零分，得零分。是井架的意思。"章杰教授一愣。还未等他反应过来，孙子就把一本翻开了的《小学生天地》递到了他眼前，内中有段文字："《静夜思》写的是室外之景，'床前明月光'的'床'应为井架。"并列举李白《长干行》中的"郎骑竹马来，绕床弄青梅"佐证，这里的床当然也不是眠床，否则少男少女围着床追来追去，有伤风化，是会挨骂的，而且破坏了整首诗的意境。章杰教授张大着嘴，脸上赧然。不是他不知床有井架之义，他至今还记得古乐府《淮南王篇》中"后园凿井银作床，金瓶素绠汲寒浆"的"床"就是这意思，只是确实未曾琢磨过"床前明月光"中"床"的韵味，犯了好读书不求甚解的错误。章杰教授一连数日羞愧不安，彻夜难眠。

时隔十来天，孙子又考了章杰教授一题。题目很简单："中国的版图有多大？地图像什么形状？"章杰教授吃过一次亏，想了会儿，担心年老记忆上出偏差又犯错。孙子扮了个鬼脸："答不上来吧？爷爷，羞羞。"接着用小手指轻轻刮着脸。章杰教授愠怒了："小儿科的东西，还想拿来蒙爷爷。版图960万平方公里，形状像大公鸡。"孙子又大笑起来。章杰教授丈二和尚摸不着头脑。孙子揉着笑痛的肚皮："零分，又是零分。"章杰教授想解释，孙子嚷开了："祖国有1260万平方公里的面积，其中960万为黄色国土，300万为蓝色国土，地图呈火炬形。"章杰教授瞠目结舌。孙子得意洋洋地将一份时事答卷递给他。章杰教授脸上火辣辣的发烧。几行字迹像钉子一样深深扎进他的眼中："在陆地资源日益匮乏的今天，国人的观念还依然把大陆架部分摒弃在国土之外，难怪外夷侵占或掠夺我们海上资源，我们竟是那么宽容或无可奈何！"章杰教授没想到知识更新得这么快，一连几天把自己关在书房里，不停地看书。

讲完这两件事后，章杰教授很严肃地向学生发问："活到老，学到老，还有三宗没学到。你说这句话正确吗？"大家都回答："正确。"章杰教授摇摇头："我不敢苟同。我这两次得零分，而且都是栽在常识性问题上，说明这句话实实在在不准确，应该改为：活到老，学到老，还没学到九牛之一毛。"

这或许是迄今为止，对学无止境最无遮无掩和一针见血的诠释。

拉布拉多犬的火腿 >>>>>>

黑龙江有家养狗场不惜重金从国外引进了良种拉布拉多犬，并高薪聘请退役的武警教官来训练它们缉毒搜爆。经过将近 20 年的驯养和繁殖，养狗场终于培育出了品质上乘的缉毒搜爆犬，各地客户慕名纷纷上门求购。

养狗场老板想要卖出大价钱，不屑于做国内客商的生意，而是向欧美国家的海关和警察局发出了推销的电子邮件。很快，许多国外客商表示出了浓厚的兴趣，接二连三地发函询问情况，比利时海关甚至还派出了专家组前来考察。这让老板兴奋不已，如果比利时海关验收合格并采购的话，欧盟其他成员国的海关也会从养狗场引进拉布拉多犬，那该是多大的市场份额啊！

养狗场做了精心的准备工作，挑选出几条最优秀的拉布拉多犬，供比利时专家从中遴选。跟养狗场平日里的训练一样，比利时专家设置了各种场景，但不管是旅客随身携带的还是大件行李托运，只要里面藏匿了毒品和炸药，哪怕只有一丁点儿，都躲不过拉布拉多犬的敏锐嗅觉，被一一揪了出来。

看着比利时专家频频点头，投以满意的目光的样子，老板按捺不住兴奋的心情，乐呵呵地拿出了空白协议。比利时专家摇了摇头，坚持要再做一轮遴选才能签约。

第二轮遴选开始了，项目跟第一轮差不多，只不过做了点小变动。怀揣炸药的比利时专家从拉布拉多犬面前走过时，不动声色地抔下一根火腿肠。拉布拉多犬愣了一下便从地上衔起火腿肠，默不作声地看着比利时专家走远。养狗场老板很尴尬，再三说这只是一个意外，要求换条狗试试，比利时专家点头同意了。

这一次是检查大件托运行李，其中有只皮箱里面藏匿着大麻，而后面的皮箱里面塞进了香喷喷的炸鸡腿。十几只大小不一的皮箱缓缓地在输送带上传动着，随着藏匿大麻的皮箱距离越来越近，拉布拉多犬开始兴奋起来，聚精会神地嗅着空气中的可疑气味。当这只皮箱来到面前时，拉布拉多犬狂吠不止，并扑了上去。可惜的是，它认准的是藏着炸鸡腿的皮箱，而不是藏匿大麻的皮箱。

比利时专家遗憾地耸了耸肩，站起身来准备离开。心有不甘的老板试图挽留他们，一再强调这些狗都经过专业人员最严格的训练，完全能够胜任海关的缉毒搜爆工作。比利时专家爱莫能助地说："不错，你们的拉布拉多犬是受过很专业的训练，缉毒搜爆的本领是我们见过的狗中最强的。问题是，会查缉毒品和爆炸物是一回事，可胜任工作又是另一回事了。缉毒搜爆的技能差一点儿没有关系，我们可以通过高强度的训练来提高，但是用火腿肠和炸鸡腿就能收买的贪婪，恐怕就不是那么容易纠正过来的。"

时刻提醒 让伤疤

>>>>>

去朋友家做客，发现他的书桌上有一个小记事本，封面上写着"让伤疤微疼"。不觉好奇，朋友让我打开看。

只见他的本子上写着：某年某月某天，做了个小手术，虽然不是大毛病，但要记得，是该储蓄健康了，伤疤好了，别忘了疼。还有，某年某月某天，工作失误，第一次犯这样的低级错误，主要原因是马虎，同样的错误不能犯第二次。某年某月某天，母亲突然晕倒，到医院检查是血压高，多关注老人的身体，千万不能忽略了，爱可能会来不及。诸如此类，都是生活中遇到的一些问题，提醒自己一定要警醒，所以他说"让伤疤微疼"。

我不由被朋友的良苦用心打动了。生活中，我们很多人都太容易"好了伤疤忘了疼"。

我一个远方的表舅，事业蒸蒸日上，他也是全身心投入到事业中，加班加点是常有的事。没想到他突然间脑出血，在医院接受治疗时，他叹着气说："人呐，真没必要拼死拼活地干。身外之物，生不带来，死不带去，只有身体和健康是自己的。"大家也都劝他，把工作放放，少挣点没关系。他点头答应。

刚出院的时候，表舅的手脚还不利落，在家休养。他养花种菜，过得也很开心，大家都以为他想开了。没过多久，他的手脚完全恢复了，虽然每天都吃药，但他感觉没事了。正好有一笔大生意来了，他不顾家人劝阻，接了下来。他以为身体没事，可工作起来费心劳神，他很快就挺不住了。突然有一天，一头栽倒，再也没有起来。

大家都说，表舅吃了"好了伤疤忘了疼"的亏。

其实，复杂多变的生活和工作中，总会出现这样那样的问题。问题的出现，对我们来说是个很好的提醒。有时还有一些让你很受伤的事，刺痛你，但我们习惯了时过境迁，把伤痛忘得一干二净。

让伤疤微疼，是一种智慧。把经历的伤痛默默记在心上，时时提醒自己，伤疤虽然结痂，但要让自己微疼。过去的一切，都是宝贵的经验，失败和伤痛更是一种难得的财富，要懂得利用。

让伤疤微疼，也需要勇气。有了伤疤，有些人千方百计选择各种"疤痕灵"消除伤疤，说是忘记伤痛，重新开始。其实最明智的做法是，在伤疤上纹上一朵淡淡的花，提醒自己，曾经伤过。人要有直面伤疤的勇气，要留有疼痛的记忆。只有这样，才能让自己少受伤害。

每个人都有大大小小的伤疤，身体、工作、情感、生活等等。有让伤疤微疼的能力，就有了获得智慧人生和幸福人生的能力。

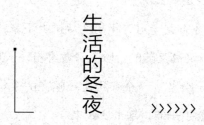

生活的冬夜 >>>>>>

那年初冬，工厂说不行就不行了，先是有一天没一天地上着班，后来干脆放了长假。

上下班途中有一家面包房，生意一直不错。每次路过，我总忍不住看了又看，尤其厂子不行后更关心了。彻底闲在家以后，我果断买了烤箱。

12月底，提货通知单终于来了，烤箱被发到邻市一个偏僻的小火车站。我兴冲冲赶到那里已是下午，寄存室的人指着一个包装箱说，快拿走，我们要下班了。我的心不禁往下一沉，等把外包装打开后露出的烤箱跟人家面包店的差太远，实在不知道到底能不能开店。

寄存室在大桥下面。要么爬几十级很陡的台阶；要么往西走200米才能上公路乘车，而此时周围一个蹬三轮车送货的都没有。我只能爬桥，这个家伙看上去不起眼，一个人却很难搬。试来试去，最后我把它斜放在大腿上，用胯骨紧紧抵住才勉强抱住，然后仰着身子一步一步走到台阶下。

等了半天才看到一对青年男女从桥上下来，我赶紧请他们帮帮忙。他们看看又高又陡的台阶又看看烤箱，一声不响地绕开我，走了。又等了一会儿，一个穿得比较整齐的中年人要上桥，听清楚我的意思后他手一伸，拿十块钱来。

我不快，皱着眉头像撵苍蝇一样冲他挥挥手。气中生力，我一咬牙抱起烤箱，直到大胯骨被磨得火烧般的疼，腿软到几乎抬不起来，只好爬一级歇一下。

眼看天渐渐发黑，我急得竟然一鼓作气爬完最后几个台阶，赶上最后一趟班车。个把小时后，我和烤箱被丢在漆黑一片的路边。因为火车站没有直达回家的客车，我必须在这个小城凑合一夜。

北风呼呼地吹着，像刀子似的一下一下刮在脸上，湿透了的内衣变得冰凉冰凉，紧紧地裹在身上。我抱起烤箱往西走，每挪一下胯骨处都疼得我龇牙咧嘴，不停地倒吸冷气……

感觉过去了一个世纪却仍然看不到一家旅社，我又冷又饿更着急，身上一点力气都没有了。正不知如何是好，迎面匆匆过来一个三十多岁的男人。我连忙上前打听，他面无表情脚下不停地说，对不起啊，我不是本地人。我绝望得要哭。

他走了几步突然又转身回来，说前面好像有家旅社，我带你去吧。边说边抓起烤箱的把手，我结结巴巴地说着谢谢，赶紧抓起另一边，跟着他走。他说，我还有事呢，只能送你到大门口啊。我说，好好好，大门口就大门口。

走了一会儿，他盯着烤箱问，小老板啦？

我苦笑，说：单位已经半死不活，不能也坐在家里等死啊。你呢，到这里出差？

出差？他也苦笑了一下，说：两年前就下岗了。

我一阵难过，好长时间没吱声。走走歇歇，5 分钟后他停了下来，说，到了，这里离车站最近。我一看，虽然门口的水泥柱子上挂着招牌，可是周围没有光源很难发现。

我说，感谢感谢，你去忙你的吧。

他没有松手，拽着我继续往里走，一直帮我抬到屋里安顿好，还以自己为例劝解我。我不停地点头，心想生活总不会太亏待努力生活的人们。

身后探头的小花 >>>>>>

办公室的窗台上放着一盆吊兰，是我从洗手池下面的垃圾桶里"抢救"来的。

当时它不知被谁扔到了垃圾桶里，一副濒临死亡的样子。但我还是看到了那面黄肌瘦外表下的一抹绿意。我把它小心拾起来，用班上不知谁扔的一只筷子在一个不知谁扔的花盆里挖了一个坑，把它栽进去，浇了浇水。

它活了，而且越活越舒展，长成了茂盛又蓬勃的一盆。

后来，它甚至还长出了长长的梗蔓，其中一根沿着窗台"前行"，碰到墙面后转身，拐了一个弯，正好冲着坐在窗台下电脑桌前的我而来。

这根梗蔓的顶端又生出了新的吊兰，更值得欣喜的是，梗蔓上竟然接连开了几朵白色的小花。

花是什么时候开出来的我并没有注意到，直到那天有同事到我电脑桌前说话，一抬头正好看到那几朵小花不动声色地藏在我身后，"它们是不是看你上网看什么了吧？"

我这才发现它们，就在我的左边，趴着我的左肩，还真像在探头探脑地看着我的电脑屏幕。

我不禁心中一喜。而那喜悦也慢慢地在心底弥漫开来，不由自主地对它有了真诚的佩服和真挚的谢意。这小小的、曾经差一点儿被人遗弃的生命竟然如此顽强，它抓住一切可以存活的机会，不浪费每一滴水，不管遭受了什么样的歧视和打击依旧热爱生命。甚至，它还要开出花来，开出那淡雅的、清香的小花，并把这几朵小花轻轻送到我身后。这是它送给我的礼物吗？

几朵小花在我身后探头探脑，它们从带着光的那里延伸而来，却没有到别处去，而是投奔到我这里，看我那凌乱的电脑桌、总是忘了及时倒掉的茶杯，它们也在看我每天敲下的文字吗？看我一个字、一个字地在电脑前不断敲打键盘，写下自己想写的文字，也写下自己有时不想写的文字？

生命是何等的奇妙啊！即便只是一丛卑微的吊兰，你给它尊重，给它光、土和水，它就会给你满眼的绿，并把那绿伸展开去，这还不算，它还要谋划着一个小小的计划，用心地设计好前进的路线，从哪里发芽，从哪里抽叶，从哪里伸出梗蔓，从哪里拐一个弯，它竟然设计得如此严丝合缝。这是一盆吊兰的计划吗？还是有我所未知的一个计划展现在这里，由这盆吊兰带给我启示？

　　于是我带上笑意了，我的口中有轻轻地歌声了。我仍将日复一日坐在这里，用双手敲打键盘来谋生，来描绘自己心中的那个美丽新世界。只是，此时的我不孤单，不软弱，不畏惧所有的试探，因为有那么几朵小花在我身后探头探脑，我会和它们一起商量着敲下我心中的文字，一起听电脑里我专门存放着的老歌，而那旋律，就乘着风冲出窗户，飞到外面的街道上，然后飞旋着一直向上，直到遥远的天空。

总有人是你的敌人 >>>>>>

林夏闹着辞职要走，还是三年前的事。

那一天，同事们凑份子，为他送行。平常，公司里，大家都忙得焦头烂额的，彼此间并没有太深的交往，没想到，饭店里还是哗啦啦去了好几桌人。尽管嘴上不说，大家都觉得，林夏是个不错的人。

酒还没喝到 3 杯，李大嘴憋不住，问林夏要到哪里高就。林夏怏怏地说，暂时还没有去处。李大嘴急了，说：林夏，你一定是疯了，这里有一份不错的薪水，还有一帮好哥们儿，你不好好在这儿待着，发哪门子神经呢？

李大嘴是公司里林夏最铁的哥们儿。林夏要走，他第一个想不通。李大嘴指着几大桌人说：林夏，你看看，你看看，这是什么，这是你的人缘，有这么多喜欢你的人和欣赏你的人，你还想到哪里去？

声色俱厉。李大嘴把送行会开成了批判会。

不过，经李大嘴这么一闹，第2天，林夏竟没有走。后来，他也没有走。本来，林夏闹着要辞职，大家就有点捉摸不透，他不走了，大家就更云山雾罩了。同事们搞不清楚，他的葫芦里到底闷着什么药。也许，李大嘴说得对，林夏只是发了一次神经。

死心塌地待下来的林夏，居然得到了升迁。先是销售部的一个小头目，继而是销售部经理，现在已经是公司的副总经理了，手下有百八十号人归他管。用李大嘴的话说，林夏交上了狗屎运，挡也挡不住。

不过，林夏一点官架子也没有，还是跟人民群众打成一片。一次喝茶，李大嘴不无揶揄地说：林夏，3年前，你要是走了，你小子还会有今天？你得感谢那个不走的决定，是它成全了现在的你。

林夏说，我若感谢，应该感谢去送我的那帮人。什么？感谢去送你的那帮人？李大嘴脸上的茫然，像故乡的云，一朵接一朵，看不到涯际。

好吧，大嘴，借这个机会，为你细说缘由。林夏一抬手，端起杯子。水中的他，瞬间，荡漾得七零八碎。3年前，我之所以想着离开公司，只是因为一个人。这个人像一颗沙子，一直硌在我的眼里心上。那时候，我觉得，我如果不走，会被这颗沙子一直折磨下去。我辞职，只是想躲开他，永远躲开他。

是谁？这个人还在公司吗？李大嘴样子悲愤，浑身奔溢着要为朋友两肋插刀的冲动。

他还在公司，不过是谁已经不重要了。就在辞职的那一天，我已经不跟他计较了。因为，就是那一天，当我看到那么多人来送我，我懂得了，生活中，有那么多的人欣赏你喜欢你，为什么不在心里多多盛下这些欣赏和喜欢，扔掉那些腻歪的人和事呢？

而且，就是从那一天起，我告诉自己，这个世上，总有与你合不来的人，不要去躲开他们，这些人存在，只是让你明白，你活在世上，必然要跟你不喜欢的人相遇和遭逢，有他们，你的世界，才会完整。

那现在，这个人还那么可恨吗？还那么找踹吗？李大嘴说这句话的时候，嘴尤其大，仿佛要从嘴里伸出一只脚来。

不，当我的心底装着宽恕和包容，我发现，世界很美，那个人，也不那么可恨了。因为，一切，都不值得了。

做自己的后盾

>>>>>>

　　小时候我特别害怕过马路，因为有一次保姆带着我过马路去公园玩，看到一辆面包车疾驰而来，她一紧张，就甩开我那正紧握着她的手，自己跑了。我张着嘴傻愣在原地，然后听到轮胎剧烈摩擦马路的声音，虽然车最终在我面前刹住了，但我还是被吓晕了。

　　从此以后我患上了马路恐惧症。那些年，很多人行道上没有红绿灯，所以只要旁边没人一起过马路，我就会一直站到有人为止。

　　后来朋友们发现了我这个特点，经常在过马路到中间的时候，集体跑掉。我站在路中间，挣扎一会，然后掉头回去，虽然走到对面和回头的距离基本上是一样的，但是我就是接受不了我居然可以一个人从马路这头走到那头。

　　朋友们笑完以后，又会从对面无奈地走回来，再带我过一次马路。

　　我总极力做一些事情掩饰心里的懦弱。

　　二年级的时候，体育课上有一条小蛇从草丛里爬了出来，一大群小伙伴作鸟兽散，我站在原地，思考了一下，然后冲上去对着那条蛇踩了十几二十脚，整条蛇被我踩成了蛇干。大家都为我鼓掌，但我一点得意的感觉都没有，因为我不敢一个人过马路。

　　三年级的时候，小伙伴们都在讨论青蛙好恶心，打赌谁敢抓一只青蛙放在自己手掌上，我默默地从草丛里出来，看着大家，然后从裤袋里掏出一只癞蛤蟆。小伙伴们又作鸟兽散。但我仍然没有觉得自己有多牛，因为我不敢一个人过马路。

　　直到后来我生了场大病。住院一个月，要在手上扎十多个备用针孔，然后把针头留在手上，用胶布粘着。至于是什么病，最后医生也没搞清楚。只是每天发烧、呕吐，我以为我活不长了，心里顿时比过不了马路还失落。

　　在一个午后，一个护士姐姐又来给我打针，我有点紧张，护士看着我满手的针孔，有点心痛，问我疼吗。我说扎的时候疼。然后护士莫名其妙地对我说了一句："很坚强啊，小朋友，你真是你自己坚强的后盾。"

　　我烧得头昏脑涨，听不太懂这句话，我对着护士不解地"啊"了一声。

　　她又耐心地重复："我说，你是你自己坚强的后盾！"然后我看着她默默地给我打完一针，目送她离开。

那天傍晚，我走出病房，看着医院门口的一条大马路。我走到斑马线前，看了看对面，又看了看满手的针孔，心里反复默念着一句："你是你坚强的后盾……"

然后深吸一口气，径直往前走，中途有车，我就在马路中间停了下来，车过了，我又继续走，几秒钟后走到了对面。我抬头看着正前方的医院大门，接着又走了回去。最后盯着眼前的大马路，我不禁大哭起来，感觉许多年的压抑和挣扎都释怀了。我再也不是一个不敢独自过马路的男孩子了。

第二天，我的烧退了，也不吐了，下午就出院了。没有人知道为什么突然就好了，更没有人知道我竟然会因为害怕一个人过马路，纠结了半个童年。

以后的日子偶尔害怕紧张的时候，我会想，现在有比小时候一个人站在马路中央的感觉更可怕吗？然后我就放松了许多。

许多年以后，一个夜里，我坐在窗边给杂志写稿子，快写完的时候，脚抖了几下，把电源踢掉了，写的东西全没了，然后我整理了一下情绪，又继续写，写到一半，停电了。我整个人崩溃了，眼泪都要气出来了。过了一会，我拿起手机，想给编辑发短信说这稿子我可能交不了了。正犹豫要不要发送的时候，看了一眼窗外，楼下就是一条大马路。

我忍不住想起了那段荒诞的往事，想起曾经那个仅仅是因为终于自己过了一次马路而感慨得大哭的孩子，心里顿时豁然开朗。我想，这个时候没有人能帮你，也许以后你还会遇到更多只能自己过的马路，所以你必须写完它。

等我写完的时候，天都亮了。那篇文章，就是《生活的样子》，它是《一生中落的雪，我们不能全部看见》的初稿。后来通过这篇文章，我非常幸运地被一些人知道，后来有出版社说要找我出书，我也因此有机会去自己最感兴趣的地方实习。

回到许多年前，如果我没有多问护士姐姐一句，然后把那句话深刻地记在心里，没有念念不忘地无数次去直面一条对我来说仿佛没有尽头的马路，我想在那个夜晚，我一定还会习惯性地懦弱，放弃完成那篇稿子，那么我现在可能拥有完全不一样的生活轨迹。

人不会太孤单，但许多路，你可能需要自己走。但是没关系，因为你是你坚强的后盾。

人生的标点 >>>>>>

　　我希望我的人生是一个句号，圆满而充实。

　　母亲告诉我：孩子，人生应是一个逗号，总有未完的续音，这样才不会终结，才会充满希望。于是，当我失败时，再也不愿让衰草抚慰伤痕，拒绝让微风抚平记忆。我要靠我自己站起来，是的，要靠自己，我要自己去写完那逗号后的下文。渐渐地，我懂得了"逗号"的真正内涵。

　　父亲告诉我：孩子，人生应是一个冒号，永远都给人启迪，引人思索。于是，我在生活中尝试着发现，尝试着拓新。记得，是太阳的柔光，是落叶地飞舞，让我真切地感受到春去秋来，我便用心灵在人生的冒号后写下了我最珍贵的感受。

　　爷爷告诉我：孩子，人生应是一个引号，把经历中最刻骨铭心的片段"引"起来，藏在心底，让它成为回忆的瑰宝，前进的鞭策。我不禁想起了我的启蒙老师，是她牵着我走向人生大门，是她教会我如何做人，是她在我悲伤时给我心灵的安慰，在我失败时给我重振的勇气。我将这段记忆放在引号中，成为我心灵深处的宝石。

奶奶告诉我：孩子，人生应是一串长长的省略号。面对自己的荣誉、鲜花，省略些吧。这样，你才能淡泊一切浮躁，去寻找一种比生命更长久的踏实。面对别人的过错，省略些吧。这样，你才能微笑着用你的胸怀去容纳整个世界。于是，我学会了什么是沉着，什么是宽容；我兴奋地发掘，我应有一颗包容万物的爱心。

终于有一天，母亲对我说："孩子，其实，没有谁的人生可以成为一个完美无缺的句号。正所谓'金无足赤，人无完人'，但可贵的是，你一直都在追寻着句号。这不是目的，而是过程。但重要的，也就是这过程。"

我忽然间发觉，我在寻求"句号"的过程中成长了。我懂得了人生就是一个过程，一个不以生为始，不以死为终的过程。于是，我学会如何去珍惜我所经历的一切。曾经的历程就像退了潮的海，虽已不再汹涌澎湃。但它还是把贝壳留给了沙滩；曾经的历程就像落了山的太阳，虽已不复光辉，但它把星星留给了苍穹。

我，虽然没有得到人生的句号，但我已经拥有了最弥足珍贵的经历。毕竟，只要努力追求过了，就可以无悔。

我相信，我终究有一天会成为一个竖立的感叹号！

买车的故事 >>>>>>

朋友最初的计划只是想买一辆代步的车，总价五六万元。他当时考虑买一辆二手车。有同事说，二手车总不好吧，五六万元应该可以买辆新车了。朋友觉得挺有道理，于是把买二手车的计划放弃了。

朋友选定了街面上到处在开的普桑，可是一些朋友说了，普桑太平常了，也不像家庭用车，加上两三万，可以买更好的车型。朋友想想也对，如果车子高档些，也挺有面子的。于是他把购车资金从五六万升至八九万。他到汽车城挑车，车子实在太多了。导购员说，八九万的车只能算是入门级，如果能再加一两万元，就可以买到更好的车。

朋友一思考也对，自己是工薪阶层，不可能换车，如果添一万元可以买到更好的车，何乐而不为呢。于是，他把购车资金提高到了十万。

但他在选车过程中，发现车辆的配置五花八门，空调是不是自动的，CD 是不是六碟的，有没有天窗，座椅是不是真皮的，气囊有几个……

导购员对他说，如果是自动恒温空调，驾驶的时候会感到更舒适。朋友觉得有道理，选了有自动恒温空调的车。导购员说，CD 如果是六碟的，那就不需要经常换碟了，朋友觉得有道理，选了配有六碟 CD 的车。导购员说，如果有天窗，那有阳光的时候，带家人去兜风，会更惬意，朋友觉得有道理，选了有天窗的车……

车子选定后，车价飙升到 12 万。朋友觉得价格高了，但导购员说，这样的车既可家用，又可商用，开出去，很有面子。

朋友觉得非常有道理，准备下单。回来后，和同事、朋友聊起这车，但他们说，车价有点儿高了，如果买这车，不如再加点儿钱，买辆自动豪华型的，开起来轻松，而且你太太也可以使用。

朋友考虑了一下，觉得这个建议挺好。他把所有银行存款拿了出来，用 17 万元买了一辆集"优点"于一身的新车。

朋友每天开着新车，却很忧虑。养车每月需要一千多元，家里没有余钱，心里总是空落落的。前段时间，他的母亲患了一场大病，朋友不得不借了 5 万元。

本以为有了车自己会很快乐，谁知自己被这车"套"住了。原先朋友的车每天都擦得锃亮，现在，这车灰扑扑的，经常停在楼下，他能不开就不开，朋友说，省点儿油钱也是好的，现在，朋友连折价卖车的念头也有了。

其实，人生中的许多烦恼，像极了这个买车的故事，随着欲望的一点点加码，烦恼也在一丝丝增加，最后，你原本平静的生活就被欲望给毁了。

做自己不够，要做更好的自己

做自己当然好，

但为什么不能做一个更好的自己？

那不是放弃自己放弃个性，

而是让自己能够更好的享受生命，

享受做自己的乐趣。

>>>>>>

做
自
己
不
够，

要
做
更
好
的
自
己

大家都在说要做你自己，包括最好的爱情就是让你在他面前可以完全做自己。这当然没错，如果你都不能做自己没有自我可言，那你的生活还有什么属于你自己的乐趣甚至可能连生活都不是你自己的。但免不了的，有些人却因此觉得，我只要做我自己就行了就可以不用再努力前进再继续成长继续完善我自己，完全把做自己当成了不用再努力的借口。

所以看到一些人，哪怕他跟再多的人接触交往过，都没有办法真正学会以尊重的姿态跟人相处，哪怕他经历了再多的世事，也完全没有办法让自己的内心再成长一点。因为他从始至终只会做他自己，那个原始的，动物的，只以力量说话的自己。

就像大家都会认为，那些容易受别人影响容易动摇自己改变自己的人都将会失去自我将成为失败者，只有那些永远都坚定不移坚持自我一如既往的不受别人影响不会改变自己的人才能获得最终的成功，才能最终成为像乔布斯那样的传奇。

可是，你有没有想过，人并不是生来就完美的，我们生来不过只是动物而已，初始有的只有本能，把你丢到狼堆里让你成长你不过就是个狼孩会跟狼一样行动。如果你不去后天学习，不能随着时间提升自己修正自己的言行，一如既往的就是饿了哭饱了睡不如意就发脾气不满足就抓狂，一切都只为满足自己以自己的意愿为准则自己高兴就行，然后，你就要坚持这样的自己并认为坚持这种自我才能得到完美的成功拥有完美的感情和关系，那你究竟是在做自己，还是在毁了跟别人的关系？你做的，又是怎样一个自己？你是否明白自己究竟在坚持什么东西？你坚持的原则坚持的自我真正的意义是什么？

我不喜欢教训别人，也没有资格教训别人，因为我自己就是这么走过来的。我也曾困在这种思维中无法自拔，一意孤行，最终伤害到家人伤及无辜。直到后来，我问我自己，难道你真实的样子就只能是这样了吗？难道非得要别人接受一个连自己都受不了的自己，才能证明自己的价值才能证明爱的真实？为什么我不能做一个更好的自己？更柔软一点，更舒服一点。

所以后来我发现，其实完全不受别人影响的人，并不就是强大的表现，反而是另一种封闭，生命的内核是脆弱的，是经不起推敲的，就像只能单向思考一样。这是在用自以为是的姿态拒绝让自己的生命向更美好的状态趋近。而要走向真正的强大，必然需要开放内心，学会调整自我，遇到现实问题学会判断，在各种影响面前懂得取舍，只有吸纳了更好的事物观点及思维，接受更好的影响，你的生命才会有足够丰富的养料，才能成长的更加健康和茁壮。

就像，因为我还不够好，远远不够，所以我才更需要努力，需要不停的努力。因为对于生命我根本没有全面的了解，所以我才愿意不停的探索生命探索自己。生命本来就不应该被限制在一个框架里，说就应该是这样了。谁说你就只能是这个样子了，谁说你就永远不会变了？不，不，只要你愿意，生命随时都能改变，只是这个改变需要你坚定决心付出更多的努力。而这种改变，只有你自己意识到了你想要变，你才会心甘情愿的去改变，这是任何人都无法用逼迫让你达到的目的，它只能是出由你自己内心的意愿，你才会真正的着手去调整，去完善，去提升，去塑造一个更好的自己。

生命有期限，但当你不断的进行自我探索，在努力中完善自己的时候，跟人相处之时不断的调整自己，你就会发现，生命也是无止竟的，可以无止境的，趋向美好。做自己当然好，但为什么不能做一个更好的自己？那不是放弃自己放弃个性，而是让自己能够更好的享受生命，享受做自己的乐趣。

别人拿不走的东西 〉〉〉〉〉〉

　　每次面试应届毕业生的时候，我都会先让这些应聘者做个自我介绍。这时候，我总会听到这样的声音："我是××学校的，我在××实习过，我是××社团社长、学生会主席，我的GPA是3.8。""我是××学校的，在××实习过，还在××实习过，现在去了××。""我正在××实习，我还投了A、B、C、D公司，我的理想是找一个月薪超过7000元的工作。"

　　这样的结果并不难解释：上大学前，所有的家人，上至爷爷奶奶、爸爸妈妈，下到弟弟妹妹，都认为我们应该继续小时候乖巧玲珑的行事风格，在大学里，学习上争当第一名，课余时间争做学生会主席和入党积极分子，紧密团结在好学生、好干部身份的周围，以期毕业之后顺利进入国企或者成为国家公务员。在达到这个目标之后，我们应该迅速地找个条件相当的男友或者女友，男生家买房，女生家买车，结婚生子，共同背负着房子、车子、孩子的重任，从此步入一成不变的稳定生活。而在此过程中，我们应该默默无闻地跟随着同龄人的统一步伐，在每个时间段做自己该做的事，凡事要低调，不要搞特殊。

于是好多人不服啊，抗争啊，叛逆啊，每天叫嚣着、哭喊着自己与别人的不同，可最后还是殊途同归了。因为在这个过程中，我们每个人都在试图用社会的统一标准来要求自己，并努力在这个标尺上寻找自己的位置，不敢落下一步，不敢走错一步。我们都忘记了自己想要什么，忘记了自己的优势，忘记了自己有着独一无二的DNA。

23岁的C是我的师妹，她常跟我说，她的工资很低。她经常会想，这样的日子是否值得，比如每天斤斤计较地盘算地铁和公交车哪个更加划算，为买不买一辆200块钱的自行车犹豫了好几个月。她害怕回到家乡，害怕和别的同学不同，害怕起步工资太低而让日后的生活不堪设想。其实我理解，在上海这样的大城市里，每当看到很多学历背景不佳的人，因为不断跳槽，薪水四五倍于自己的时候；每当听到一些女孩子因为家庭背景或者某个男人的背景，找到某种捷径的时候；或者看到那些前辈炫耀名牌包包，出入高级餐馆的时候，换作谁，心里都难免会有一些怨念。

每次C跟我抱怨这些的时候，我总是很想送给她台湾女作家李欣频说过的一段话："有很多人设立的目标是几年之内要升到主任，几年之后要当上主管，然后是老板……这些都是可以随时被取代的身份。只要别人比你强，关系比你好，或是公司结构调整，位子就会瞬间消失。"

所以，要建立自己的风格，把自己当成个人品牌来经营，创造自己名字的价值，帮自己建一个别人拿不走的身份，而不是社会价值下的职位。至于将来你是哪个公司的主管、哪家企业的老板其实都不重要，因为别人看重的是你的专业、你的风格。这就是拿不走的身份。

每个人都有毕业入职的那一刻，都有信心百倍的青春年华。刚刚步入社会的时候，大多数人总是能够发现自己的不足，拼命学习来提高自己。但是第二年、第三年呢？有人开始看到职场的阴暗面，有人渐渐学会明争暗斗，有人发现投机取巧能赚钱，于是慢慢走上了这条路——在这个过程中，他们从未回头看看自己还有什么不足，身姿是否不够挺拔，奔跑速度是否不够迅捷，技能掌握是否不够全面。

于是，他们从一个健壮的青年，慢慢走进了一条死胡同，越来越窄，越来越饥饿，竞争却越来越激烈。

我的一位师兄，大学的专业是计算机，研究生读的是计算机智能，毕业前在著名跨国公司实习了半年，却在即将入职的时候发现了自己的知识漏洞。于是他放弃了18万元的起薪和即将到手的各种优厚福利，回到学校，申请延期一年毕业。这一年，他转战于商学院、金融系，并经常跑到哲学、中文这种看似毫不相干的专业蹭课。一年之后他毕业时，正赶上2009年金融危机，底薪比之前要低很多，但是几个月后他便3倍跳转，拿到几十万元的年薪，凌空一跃，光荣跳槽，让所有人措手不及。

师兄手里有一张关于他自己的"资产负债表"，他看到了自己的"负债"，了解自己的不足。他不看外界所能给予的一切荣光，只专心打造自己独有的东西。然后，他成功了。

其实我们可以思考一个最简单的问题："如果没有了眼前的工作，我们还能做什么？"兼职写专栏？你文字功底和思想深度如何？开淘宝店？你想卖点什么？有没有进货渠道？给中学生当家教？当年的那些知识点你还记得多少？

在物欲横流的社会里，平心静气似乎很难；但也只有这样，才能不断深入地认清自己，了解自己内在的潜能，抓住那些能够永恒不变的、真正属于自己的东西。

我们需要时刻警醒，知道什么事能做，什么事不能做；知道自己是谁，知道自己不能是谁；知道什么是自己永远拥有的，什么是别人给的、暂时的。保持谦卑而感恩的心态，拥有不断重新归零的勇气与信念，让自己真正拥有别人拿不走的东西。

当你足够好
时，就不会
觉得委屈了 〉〉〉〉〉

　　前几天，朋友约我出去吃饭，一看她的脸，我就知道一定是在哪里又受了气，果不其然，没吃几口，她就开始咬牙切齿地说"如果我将来当了报社领导，第一件要做的事儿就是把我们部的主任给辞退。每次我独立写完一篇大稿，他都会在发表时想尽理由在我名字前罗列上一串名字。这一次，一篇报道获了国家级大奖，他们一点东西没做，署上他们的名字，我也忍了，可是竟然把奖金也要平分！老娘我不伺候了！"

　　朋友二十七岁，工作四年，勤勤恳恳、没日没夜换来的待遇却和刚刚实习的大学毕业生没有什么区别：被署名、被分奖、被共享成果。我依稀记起大学时，我在杂志社实习时，也遇到过这种情况。

　　有一天，主编把我叫到办公室，指着那篇本来是我写的、但是署着别人名字的文章说"这篇文章，怎么回事儿？怎么没有你的名字？"我虽然心里在纳闷主编怎么知道是我的文章，但还是微笑着说"做实习生，不是都应该如此吗？写上前辈的名字是应该的，他教会我很多东西。"语气里带着心甘情愿的坦然。

主编又问"你难道不想知道我为什么会知道这件事情吗？"我尴尬一笑，她说"你的文章很有风格，和我们杂志社的每个人都不一样。这篇文章任谁也不会相信是一个在中层做了十几年领导的人写出来的，定是一篇初生牛犊不怕虎的、带着新锐性的年龄人写的，我都能闻到风风火火的味儿。"我心里暗自嘀咕"那又怎么样呢？还不是要署上别人的名字"，她似乎看出了我的心思，继续说"因为各种原因，很多杂志社都存在这种问题。你现在觉得会有些委屈是因为你的弱势，你经验不丰富、能力还不强，但一定不要把这理解为心甘情愿，你这是在蓄积力量。等到将来某一天，你成为知名记者时，你手中的资源、你的能力、你的经验都足够多的时候，你一定不会再受此待遇。所以，要想自己保护自己的成果，就努力向前跑。当你甩出别人几千米时，别人就不会再'潜规则'你。"

虽然后来，我没有继续自己的记者生涯，但我很庆幸，在初入职场时，有前辈给我说了这些话，她让我知道：之所以别人打压、挖苦、讽刺，甚至利用你，都是因为你还不没有能和期望匹配的强大；你之所以感到委屈、不甘，是因为你拥有的还不够多。

设想，如果我们有一百个苹果，别人抢走二十个，我们还能有八十个；而如果我们只有二十个苹果，别人抢走二十个，我们就空空如也。在这个社会上，我们很难去制止别人"不去抢走二十个"，很多时候，我们能做的只是增加我们的储备量。增加储备量，并不意味着我们随便丢弃那"二十个"，毕竟它们也是我们的劳动所得，而是一旦被抢走，我们不会弹尽粮绝，不会觉得天要塌下来。

爱自己的方式之一就是让自己的心情处于相对平稳的状态，不大喜、不大怒，对你争我夺的事儿云淡风轻，反正自己自己有足够的能量，谁还不会在乎这点蝇头小利，如同富豪不会在商贩面前为了几块钱的东西而吵得面红耳赤一样。让自己有资本对不想撬和、不想纠结的事儿置身事外，也是一种能力。有时，我们都未必能体会因为"不够多"而感到"委屈"的杀伤力有多大，无论这种"不够多"是在精神层面，还是在物质条件上。

两个朋友从初中时就谈恋爱，连大学在异地都没能让他们分开，周围所有人都相信他们一定会牵手一辈子。但大学毕业后，男生为了自己的音乐梦想苦苦追寻，居无定所不说，赚得那点钱，根本无法维持生活，只能依靠女生的每月三千多块钱的工资过活。女生有过抱怨，出门再紧急也不敢花钱打车，逛商场只能是逛而不能买，公司的同事发型换了十几次了，她却只能简单地梳个马尾。但这些她都能忍，都觉得为了支持男友的梦想是应该的。

直到有一天，她发现自己怀孕了。她知道按照两个人的家庭条件和现在的生活状况，孩子出现得太不是时候，她不能要，她们生不起孩子，即便孩子有幸出生了，他们也没有能力给他哪怕稍微好一点的生活。

于是，她背着男生把孩子偷偷打掉了。但这个没有出生的生命在她的生活里却再也挥之不去，如同在她的评判系统中树立起了一个标杆，一切都开始以它为基点。所以，男生的努力再也没有了梦想的滋味，剩下的只是无所事事和不负责任。他的一切在她眼里都变了味，更多的时候，她思考的是：我凭什么要过不能打车、不能买衣服、不能做头发的生活？还不是因为你不挣钱！

无数次地争吵之后，两个人义无反顾地分手，朋友们都说他们恐怕连敌人都做不成，敌人还会互相伤害，而他们却连多看对方一眼都不肯。不就是因为"钱不够多吗"？有多少曾经发誓生死不离的人，一旦涉及到买房、买车的时候，就转身和另一个人共赴未来了。不管两个人的感情多么的坚固，如果持续地、不对等地让一方感到"不够多"，那这个人的委屈定然会发酵的，一点点蓬松起来，直到两个人的的感情空了心。

我不觉得钱会有够了的时候，我也不相信没有钱相爱的人就会分开，我只是确信：一个人的委屈到达足够量的时候，她眼里的一切都会变质，她不想都不行。有一天，一个女孩儿问了我一个看起来有些好笑的问题。她说自己努力学习，可到了考场上，压根儿不学习的室友却让她把答案给她们。她不想，但也怕伤及情谊，只能给了，但觉得自己委屈极了。她问我怎么做。

我没有告诉她社会是如何的公平，或者要去相信努力就一定会有收获这类事情，我不让她去管这些自己不能把握的事情，我只说：你要让自己拥有的足够多。如果你只拥有考场上那几道题的答案，那他们拿走了，就真的拿走了，说不定得分还比你高；你要拥有他们拿不走的东西，比如持续得学习能力；比如除了学习专业知识之外的其他的能力，包括人际交往能力。你觉得委屈，很多时候是因为他们拿走了你仅仅引以为傲的那唯一的资本。

后来，我读大学的表妹向我抱怨说"快期末考试了，大家都在挑灯夜战，我好怕平时不学习的他们，把我平时努力学到的东西，在几天之内就学会了，如果这样的话，就好不公平啊！"我告诉了她同样的话。如果你平时的学习，只是学到了试卷上的几道题，那你活该委屈。

所以，当你觉得委屈时，别浪费时间去打量这个世界是否公平，没有任何作用，唉声叹气、哭天抢地都没用。让自己拥有的足够多，让自己不断地强大，这样，别人想要对你不公平，似乎也无从下手。更何况，随着你拥有的足够多，他们会自然而然地退出你的生活，因为你已经甩出他们太远，他们已经追不上你了。嗯。跑得快一点，别和他们同一水平线上就是了。

伤口上最美的花朵 〉〉〉〉〉〉

索纳莉是个漂亮的印度女孩，湖水般清澈的眼睛，如瀑的长发，她无论走到哪儿，都会成为注目的焦点。

难能可贵的是，索纳莉并没有因此沾沾自喜，和同龄的女孩相比，她更喜欢安静地看书，在知识的海洋里遨游。

灾难的到来那么突然，没有任何征兆。那天，索纳莉像往常一样，正在专心学习。忽然，三名男生走了过来。他们的面孔，对于索纳莉来说并不陌生。正是他们，想尽办法追求她，却又一直被拒绝。

当索纳莉照例站起身来，打算离开教室时，一名男生忽然情绪激动，将一种液体泼到索纳莉的脸上。随着一声惨叫，不过瞬间的工夫，美丽的花季少女索纳莉，惨遭毁容，虽然医生全力救治，依然双眼失明，左耳也失去了听力。

索纳莉躺在医院的病床上，面对永远黑暗的世界，多么希望这是一场噩梦。梦醒了，一切都还可以像从前那样美好。她泪流满面，拒绝进食，只求速死，谁的话也听不进去。

绝食到第五天，索纳莉已经奄奄一息，神智昏迷。索纳莉的奶奶，已经 80 多岁的老人，也来到病房。她看到自己一手带大的孙女，变得如此惨不忍睹，禁不住老泪纵横。

很快，奶奶擦干眼泪，努力控制着情绪，握着孙女的手，轻声呼唤："索纳莉，索纳莉，醒醒吧，我是奶奶！你知道吗？从咱们住的地方，一直往北走，就是著名的喜马拉雅山。翻过这座山，就是中国的西藏，那里生长着一种植物，它的藏语名字叫恰果苏巴，不但是难得一见的奇花，也是举世闻名的珍贵药材。这种花的奇特之处，就在于越是环境恶劣，它越是努力绽放，从不服输……"

奶奶娓娓动听的讲述，让索纳莉仿佛进入了一个梦幻世界，她的手开始颤抖，早已干涸的双眼，忽然又涌出了泪水，在老人家的劝说下，终于喝下了半杯水。接下来的几天，索纳莉的求生欲望，变得越来越强烈，她哭着扑到奶奶怀里说："我要像恰果苏巴那样绽放！"

从此，为了恢复容貌，索纳莉在 10 年的光阴里，先后接受过 22 次手术。每次手术，都如同过鬼门关，让她痛得死去活来。尽管如此，在花光了家里所有的积蓄之后，她依然失明加半失聪，脸上也疤痕累累。

就在索纳莉一筹莫展，不知道如何筹措治疗费用时，她无意中听说，电视台有一档益智电视问答节目，名字叫《谁将成为百万富翁》，如果顺利闯关，将得到一笔巨额的奖金。

索纳莉决定报名参加这个节目，母亲却忧心忡忡，她担心被毁容的女儿，一旦出现在耀眼的镁光灯下，会被众多的电视观众嘲笑。索纳莉明白母亲的良苦用心，她淡淡地一笑说："我要像恰果苏巴那样绽放，为了这个梦想，再大的困难也不怕！"

很快，索纳莉勇敢地来到电视节目录制现场，在观众们惊讶的注目下，她淡定从容，侃侃而谈，最终通过层层考验，成功答对了主持人提出的10道问题，按照节目规则，一举夺得250万印度卢比（约合人民币28.4万元）的奖金。有了它，索纳莉就可以开始下一次治疗了。

当主持人请索纳莉发表一下获奖感想时，她在讲述了自己的故事之后，动情地说："如果你们不知道恰果苏巴，那么我来告诉你们，它的另一个名字叫'雪莲花'。它的花语，代表纯白的爱，坚韧而纯洁，会给人们带来希望。不管未来的路有多坎坷，我都不会放弃梦想……"

观众们将最热烈的掌声和祝福送给了索纳莉。他们相信，最美的花儿总开在伤口之上，伤痕累累的她，会成为一朵最美丽的恰果苏巴，一定。

别忽视举手之劳 〉〉〉〉〉〉

那年，他只有18岁，因为家境贫寒，高中毕业便来到一家演艺经纪公司做杂工。杂工的薪水微薄不说，而且地位低下，经常被人呼来喝去，但他还是每天都笑对生活，把自己的工作做得井井有条。

一次，他帮着主管在文件堆里找一份演员资料，细心的他发现，很多重要的文件资料都是随意放置，一旦找起来都要大费一番周折。他想：如果这些文件资料能够进行分门别类地整理，岂不是一件好事？他一想到这些就立刻付诸行动。他通宵达旦加班加点，花了整整几天的时间，终于将整个公司存放的演员资料整理妥当，而且他还特地在公司电脑里建立了一份数据库，这样在以后查找资料时，就能以最快的速度提取出来，极大地提高了工作效率。

后来，公司经理发现了这个显著的变化。当得知完成这件好事的，竟然是一个刚刚入行的年轻杂工，经理大为惊讶。他很快被叫进了经理办公室，一番交谈后，经理决定提拔他为演员联络主任。经理的任命让 18 岁的他大为不安：自己只是一个初涉职场的愣头小子，怎敢担此大任？经理拍了拍他的肩说："不用担心，你完全可以胜任。作为一个年轻人，你刚刚来到公司就能注意到公司存在的问题，并且能尽全力及时改进工作。这足以证明你的睿智和勤奋。还有，在整理所有演员资料的过程中，你已经成了公司里最了解演员情况的人了。所以，这一职位非你莫属。"

经理的决定改变了他的命运。从此，香港演艺圈出现了一位金牌经纪人，也多了一位天才星探。在他的大力发掘下，张曼玉、关之琳、李嘉欣等大牌明星脱颖而出。他就是日后被称为"鬼才星探"的赵润勤。

"世事洞明皆学问。"有时，只是你的举手之劳，成功的机遇也许就会不期而至。

人生的弯路

>>>>>

听他讲自己的经历，是在一次采访中。

他说，我小时的梦想，就是做一名威信很高的商人。也许血液内的一种潜质，也许受外公的濡染，外公年轻时就在浦东拥有了自己的工厂。

上中学时，一看到英语课上蝌蚪似的字母，头就犯晕，刚毕业的女教师，教学水平还很稚嫩，当我们字母还没搞清楚，她就讲音标，当音标还模糊时，就进展到了句型，简直是赶鸭子上架，从此英语成了我的死胡同，别的功课还不错。父母觉得我偏科太严重，考大学根本没指望，就让我进了工厂。那时提倡进工厂，比现在进机关还牛。

我先跟着师傅学钳工，当那些榔头、锉刀、锯弓摆在面前时，我像误闯进原始森林，觉得前途是大片的迷茫。我做梦都想做一名业务员，但是没有办法，我只得咬着牙学习钳工技术，手上磨出了血泡，泡好后变做厚厚的茧，那时，所有的脏活累活都归学徒。

工作让我变得粗糙，跟着工友们喝劣质酒，抽便宜的烟，说着荤段子，而独自一人时，心却隐隐作痛。

曾想辞职，但那个年代，干个体是不太光彩的事，没有退路，心有不甘，于是偷偷报名读补习班，参加成人高考。白天在工厂工作一天，人疲惫得像散了架的机器，晚上仍坚持着熬夜看书，工夫不负有心人，几十人参加考试，唯我一人录取。有了文凭，后经熟人介绍，我总算如愿做了一名业务员，也许我天生就是这块料，业务不断走向佳境，我也从低眉走向昂头。后来，国家好的政策出台，我注册了属于自己的公司，拥有了成功人士所拥有的一切，很满足，就像河流弯弯曲曲，终于流到了大海。

也许人生注定了有些弯路是绕不过去的，必须要走过之后才会明白。

张爱玲曾经说过："在人生的路上，有一条路每个人非走不可，那就是年轻时候的弯路，不摔跟头，不碰壁，不碰个头破血流，怎能炼出钢筋铁骨，怎能长大呢？"

河流有了阻碍，水流得更湍急，东奔西突，寻找行进的出路。水是这样，风也如此。皖南古村落屋舍犬牙交错，构成弯曲村街，当地人说弯巷"拨风"，便于纳凉，前有屏风后设天井，曲里拐弯，那些弯曲村巷，让风之力反而更大。

弯路，并不受人喜欢，人生的弯路何尝不是如此。年长的人，喜欢讲述自己的阅历，以告诫年轻人怎样规避弯路，殊不知，经验往往是无法移植的。重要的是，在人生的每一个拐弯点，你选择沉沦还是突破。

上帝不会偏爱你一人

>>>>>>

这里是自然界微小动物的本能优势故事。

第一种动物是一种甲虫，学名叫具缘龙虱，但因为它无论走到哪里身上都会背着一个大气泡，因此人们常常习惯称它为"气甲"，气甲之所以要背着一个大气泡，是因为它要经常性下到水中去捕食一些微小生物，但它的憋气能力又非常弱，因此必须要随身携带一个类似"氧气瓶"的气泡，好靠着呼吸气泡里的空气，不至于窒息而死。依靠着这套特有的武器"装备"，气甲在水中游刃有余，想在水中待多久都没问题，丰富的水中生物让它不必为填饱肚子而犯愁。

但，水中既有气甲所需的食物，但同样也有气甲的敌人，有一些鱼专门以攻击和吞噬气甲为乐，每当遇到敌人时，气甲都能在第一时间迅速地逃回到岸上去，让鱼无计可施。待在岸上的气甲本想着，等水中的敌人离开后再回去，可糟糕的是，最让它引以为豪的那个大气泡，此时却陡然变成了一个招风的物件，岸上的一点点微风便能把这个大气泡吹起来，把它连带着气甲重新吹回到水中，让气甲再也无法逃脱，最后葬身鱼腹。

另一种动物叫花网蜘蛛，为了捕食，花网蜘蛛通常会花上两三个小时，在认为可以网到食物的地方编织起一道隐形的网，这种隐形的网无比细小，架设在空中如若无物，即便它就在你眼前，若是不仔细认真察看，也很难发现，这种特殊的网也只有药网蜘蛛能够织出。虽然网非常细小，但它粘性和强度却丝毫不小，因此能够轻易网住过往的很多像飞蛾、爬虫之类的小型动物，让花网蜘蛛美美享用一番。但是，这张网却无法阻挡住一些无意路过的体型较大的动物，它们能轻易地把网弄得支离破碎，一些鸟儿也会不小心撞上去，每遇到这种情况后，花网蜘蛛好几个小时的劳动和心血就算白费了，只好硬着头皮重新再编，可是很快又会被破坏掉。

为了避免网被破坏，实在没有办法，花网蜘蛛最后只好决定到网的中间去，主动暴露自己，好让其他动物看到，避让开。这一招果然很管用，无意撞网的次数大大减少了。可是，一旦亮在网中央，花网蜘蛛便又成为其他蜘蛛的攻击目标，它们经常会作用各种策略将花网蜘蛛杀死吃掉。

上天从不会偏爱和眷顾任何一种生物，它在赋予每个生物特有的战斗武器和生存技能时，也不忘同时附上一份致命的缺陷和不足，这样做的目的只有一个，那便是还自然一个公平和平衡，不刻意培育出绝对的王者，也不有心制造出绝对的弱者。

对于所有生活在这条公平线上的自然界里的生物来说，唯有全面知晓自身，懂得生存游戏的规则，并且趋利避害地谨慎行事，主能最终赢得生存。

想进去，就推开门 　　　　》》》》》

　　哈里森·福特是好莱坞最著名的电影演员之一。小时候，他家住在芝加哥伊利诺伊电影院附近，父母经常会带着哈里森去看电影，影片里的各种英雄情节深深感染了他。

　　从小，哈里森就梦想着自己能成为一名电影演员，经常对着镜子模仿电影台词和装束表演。中学毕业后，哈里森的父亲年纪已经非常大了，无法继续工作，为了分担生活压力，哈里森进入一家装潢公司当了一名装潢工人。虽然如此，哈里森的表演梦依旧没有破灭，平时的着装也爱模仿着当时的影星马龙白兰度穿白色西装。

　　父亲知道他的心里在想什么。有一次，父亲有幸得到了一张马龙白兰度的最新画报，把它放在哈里森的卧室里，然后告诉哈里森说房间里有一份他非常喜欢的小礼物。哈里森一边说谢谢，一边急不可待地推开房门取出画报，开心得不得了。这时，父亲对他说："当你听到房间里有礼物，会立刻推门进去，然而有时候你明明想进某些房间，却为什么始终不敢推开门呢？"

"你是说……"哈里森愣住了。

'想进去，那就毫不犹豫地推开门！"父亲拍了拍哈里森身上的那套白西装，走了。

哈里森明白，父亲是在鼓励自己要勇敢地去追求梦想，可自己是家里的经济支柱，如何能放弃工作漫无目的地去好莱坞找机会？

哈里森想了半天，终于想到了一个好办法，他自掏腰包替公司做许多业务广告纸，一有时间就跑到好莱坞发放。这些广告纸竟然真的引起了一些人的注意，渐渐地，开始有人打电话请他们去装修舞台、装潢录音室，甚至还时常有人请他们去负责摆弄一些拍摄场地……

哈里森与梦想的距离，一天天在拉近，而机会也在一步步地走近哈里森！

1976 年的一次，公司派哈里森和另外几位工友为大导演乔治卢卡斯装修工作室。那天，哈里森和工友们正像平时那样在工作，卢卡斯和副编剧亚历克一边讨论着某部电影的主角人选，一边走进办公室，关上了门。

哈里森呆呆地看着办公室的门，一位工友则打趣着说："赶紧工作吧，你不属于里面的那个世界的！"

"可是，我的梦想不就是走进那个世界吗？"哈里森这样想着，耳边再次回响起了父亲曾经说过的话，"想进去，那就毫不犹豫地推开门！"

哈里森顿时勇气大增，他放下活计径直走向了导演办公室，然后推开了门大声说："我想和你们一起讨论关于男主角的问题！"

这一刹那，导演乔治·卢卡斯被哈里森那不失温文尔雅的硬汉气质所感染，把他请进了办公室，让哈里森根据剧本试演了几个小片段后，乔治·卢卡斯和副编辑亚历克一齐鼓起了掌！大半年后，一部轰动全球的大制作影片《星球大战》正式问世，而片中的主角——太空船长韩索罗的扮演者正是哈里森，他凭着自学成才的精湛演技和不折不扣的英雄形象成为这部电影中不可缺少的一部分，票房打破了好莱坞的历史之最，并连获英国学院奖、奥斯卡奖、金球奖三个国际大奖，哈里森更是凭此一炮而红、青云直上。

之后，哈里森兢兢业业，用强烈的敬业精神纵横影坛三十余年，长盛不衰，全球影史上最卖座的前三十部电影中，哈里森一人就包办了7部，包括广为人知的《星球大战》《亡命天涯》和《空军一号》等等，他本人更是成了全球影史上的最富传奇的人物之一，获得了无数国际大奖！

选择奔跑的时间 >>>>>>

在每天早晨曙光刚刚照亮非洲大地的时候，草原上的羚羊一睁开眼睛就开始了奔跑，它们箭一样地向前奔跑，只是为了能找到一些新鲜的草和躲过狮子的追赶。

可是这时候它们的天敌之一狮子也在这个时候开始了一天的生活，为了生存下去狮子只能去拼命追赶这些羚羊。可是不同的是这些狮子不用像羚羊那样拼命，因为他们追不到羚羊完全可以找到一些其他的小动物。对于狮子来说追不到羚羊只是少一顿美味而已，再加上这些羚羊跑得很快，因此狮子基本很少能猎到羚羊。

美国的一个电视台正在拍摄非洲的风光，他们决定拍摄一些羚羊奔跑的录像，于是他们决定跟踪拍摄这些羚羊。可是经过他们几天的跟踪拍摄，他们发现了一个奇特的现象，这些羚羊的奔跑速度很快，如果不是狮子拼命地追，基本都追不上这些羚羊。可是奇怪的是羚羊尽管躲过了大部分狮子的追赶，但是羚羊减少的速度还是很快，电视台的记者很不明白这是为什么。

于是电视台的记者把这种现象求救于美国的生物学家，于是一些生物学家又来到非洲草原上研究这些羚羊是怎么减少的。这些生物学家在草原上跟踪研究了好久，终于发现这些羚羊大都是死于当地的一种猎豹。

可是让生物学家困惑的是，这种猎豹的奔跑速度很快，可是比起狮子来速度还是慢一些的。那么羚羊为什么没有死在狮子的口中，而是死在了这些猎豹的利爪之下？而且猎豹的攻击能力远远小于狮子。

于是生物学家又对猎豹、狮子还有羚羊进行了跟踪研究。生物学家发现每当朝阳初升的时候，也是羚羊最危机四伏的时候，这时候狮子已经饿得饥肠辘辘了。而这些羚羊要活过新的一天，就必须得逃脱狮子的追赶，因此这些羚羊都拼命地奔跑，而且警惕性也很高。

可是中午的时候情况就不一样了，狮子多半已经获得了食物，因此羚羊也不再去拼命奔跑了，因为它们的体力还要支撑到第二天。这时候的猎豹却是刚刚苏醒，他们迫切地需要食物。这时候的羚羊也差不多刚吃过草，它们已经不需要去拼命奔跑了，再加上由于刚刚吃过草，羚羊的奔跑速度也不会很快，而且警惕性也不会很高，因此当猎豹追赶羚羊的时候大多能成功。自然而然大多数的羚羊就死在了猎豹的利爪之下！

　　生物学家的这个研究成果很是让人吃惊，狮子的奔跑速度远远快于猎豹，而且攻击能力也远远强于猎豹，可是就是因为它们奔跑的时间不一样，所以大部分的羚羊才会死在猎豹的利爪之下，而不是死在草原之王狮子的攻击之下。

　　重要的不是奔跑的速度有多快，而是在什么时候奔跑，这是非洲草原的法则，其实这又何尝不是人生的法则！

勇气孕育出来的花

>>>>>

与几位朋友相约一起到海边游玩。临近中午的时候，我们走进附近一家经营渔家宴的渔村小店。这家小店的经理姓刘，他跟我们当中的一位朋友相熟。刘经理的年纪约莫50岁上下，长得身材瘦小，待人却非常热情。

我们点了一些诸如水煮蛤蜊、清蒸琵琶虾等原汁原味的海鲜佐酒。刘经理免费送给我们两碟干海鲜，一碟是鲅鱼米，另一碟是蟹甲肉。他指着那一碟色泽金黄的蟹甲肉笑道："这可是我提前特意为你们准备的呦。"

那些蟹甲肉，都是从蒸熟晒干后的螃蟹螯里剥离出来的。肉质柔韧，越嚼越鲜。记得小时候，我还经常拿蟹甲肉当零食吃。因为我的父亲也是一位渔民，而且那时候海里的螃蟹非常多。可是现在，像这样纯正的蟹甲肉已经很难吃到了。当刘经理闻知我的父亲也是渔民出身时，顿时来了兴致，他跟我单独唠了起来。

当我问他闯过多少年海时，他略显惭愧地说："人活了大半辈子，只闯过一年海，还差点把命沉在海里。因此，我称不上是一个正宗的渔民。"

此时，与其相熟的那位朋友在一旁笑着对我们说："虽说他只闯过一年海，可他一直都是闯海人的榜样。"接着这个话题，刘经理跟我们讲述了他年轻闯海时所遭遇的一段刻骨铭心的经历。

那年秋天，刚二十出头的他和另外 4 名船员，驾着满载鲅鱼的渔船准备返港。结果在途中遭遇了强台风，他们驾驶的渔船不幸被风浪击翻，倒扣着沉入海底。当时，他们 5 个人都被困在密封的前宿舱里。

倒扣的沉船随着强大的海流，时而浮动，时而潜行。10 多米高的船桅，不时地碰撞着海底，整个船体在剧烈震动着，仿佛瞬间便会支离破碎。

当时，船舱内的气压随着船体滑向深海而骤然增大。他们一个个都感到耳膜鸣响，眼球仿佛要鼓了出来。在恐惧和绝望的气氛里，死神已经降临到他们的头上。

可是，他不甘心就这样被困死在"水牢"里面。哪怕还有一线生机，他都不想放弃活下去的希望。他几次动员身边的伙计们，一起破门而出，与死神做最后一次较量。然而，每一次都被他们拒绝了，他们都已经认命了。因为在他们看来，即使逃出舱门，外面风急浪大，且缠满了渔网，最终等待他们的也只有死亡。

他们几个并排着躺倒在船舱里面，身体像死人一般僵直。在这个时候，他们唯一的愿望，也就是希望能够给家人留下一具完整的遗体。

他费尽九牛二虎之力劈开了舱门，迎着劈头灌进的海水冲了出去。二三十米深的海水，容不得他一口气钻出水面。他连喝了几口海水后，鼻子冒出了鲜血，但终于浮出水面。

转瞬之间，又一个浪头压了过来，却为他推来半截残破的舷板。他一把将它抓住，然后死死地抱在怀里。他咬紧牙关坚持着，任凭浪头将他掀起又埋下。

不知道过了多久，海上终于风平浪静。他抱着那半截残破的舷板，在海上漫无目的地漂流着。后来，一艘货船发现了他，他得救了。

这段经历虽然已经过去了数十年，但是再一次回忆起来，他的神情仍显得十分凝重。最后，他颇为痛惜地说："如果当时他们能够随我一起冲出那个'水牢'，或许也会有机会活下来！"

我被他的这一段经历给深深地震撼了。细细想来，我们常常提及的人生奇迹，其实不就是勇气绽放出的花吗？

好一件事，一辈子做 >>>>>>

那是一个夏日的傍晚，小酒馆里，一群衣服上泥渍斑斑的建筑工人赤着胳膊、满面灰尘、乐呵呵地围坐在一起。做东的是一个面孔黝黑的汉子，满口的秦腔调。

菜以素为主，添了一碟猪耳朵，一碟花生米，算是下酒菜了。一看酒瓶，就知道那也是便宜货，不过三五元。喝了点酒，大家的话就多了起来。也不知谁说起了理想，大家七嘴八舌用最朴素的话，半是调侃半是谈心，说着自己内心深处的理想。

一个十八九岁的小伙子说："我将来有钱了，就做一个富翁。"有人嬉笑着说，你就不能来点实际的吗？随后这人说出了自己心中的理想，娶一个好媳妇，养一窝娃儿，小娃们天天围在自己身边玩耍。

一个年纪稍长点的猛干了一杯酒，抹了抹嘴："说那些有啥用。我，没有别的想法，这辈子跟着老大做小工，只要能天天管酒喝就行了。"一片笑声中，他嘴朝做东的那位汉子呶了呶，表示自己说的老大就是那汉子。

忽然，有人问那汉子，李大哥你的理想是什么？

那汉子显然想不到有人会问他。他用粗糙的大手，挠了挠蓬乱的头发，粗着嗓门："我没啥理想。如果要说有，那就是一辈子踏踏实实，用心做好一件事，干好自己的瓦匠活。"

大家听了都说新鲜，我听着也觉得惊讶：他的理想竟是做一名瓦工，竟还要用他的一生来做好。

饭毕，人散，出门。我和那做东的汉子交流起来，问起他刚才说的理想，他显得不好意思起来。那十八九岁的小伙子告诉我，别看李大哥小学毕业，说起话来粗声粗气，可干起活来一点都不含糊，利索得很。他从做小工起，到带三五个人的小工头，今天终于带出去一大帮人，打拼起自己的小天下。

汉子望着我，叹了口气："出来找事做不容易，做了就要做好。不然，拿了别人的钱心里也不踏实。现在好了，终于有了这件能养家糊口的活儿。我得好好做呢。"他又像是自我安慰，"说理想，那玩意儿我不懂，我只知道这辈子只要用心做好一件事。"

我知道他说的就是做好建筑工人，干好瓦匠活。想想经过他手的一砖一瓦，一棱一角，一沙一泥，绝非简简单单，在他眼里，那也许是艺术。他用自己娴熟的手艺，打造着自己的梦想，也打造着城市的繁华与一草一木。他成不了贝聿铭，但我想，他一定能依贝聿铭的图纸设计做成精品，一栋房子，一座桥梁或是一条道路。

人的一辈子可以做很多事情，但不一定会成名成功。但如果想做出点名堂，那就不能这山望着那山高，得耐下性子，认准了，用心去做好，哪怕一辈子只做好一件事。否则，到头来只能一事无成。

种下一棵夹竹桃 >>>>>>

我出差去杭州，在火车上同一个包厢里，有一对父女，去上海师范大学报到，女儿毕业于一重点大学文学院汉语言文学专业，考上了上海师范大学的教育管理研究生。我们立刻就熟悉了，我问她，熟悉当代的哪一位作家？她想了想说：都模模糊糊，没有深刻的印象。我又问她，熟悉世界上哪些经典的作家和作品，她也很尴尬地说没有很深印象的，学过就忘记了。

那么，我说，你在大学的四年中，在文学院的四年，你都是学了什么呢？她说，哪里有同学学习你说的这些东西啊，那些东西毕业以后用不上，现在大家都忙着学习公务员考试的应用试题，学习对于就业有用的。

我说，你读过鲁迅的什么作品？他想了想说，读过《狂人日记》。我说，一个初中学也应该熟悉这个啊。

一路上，我们谈了很多，她的父亲听着我们的谈话，看得出也很尴尬，他问我怎么那么熟悉山东大学，那么熟悉文学。我无话可说。我不知道这个女孩子的名字，也无法判断她是否是当今大学生的缩影。我也不知道我们的教育部门对于这样的现象了解多少。但是，我却从内心里为他们担心，一个人的目光如果这样短浅，你一生的前途在哪里？又哪里谈得上造诣和抱负成就？

火车到达江苏无锡站的时候，我突然想到籍贯是这里的国学大师钱穆先生，我对这一对父女讲了一个钱穆的故事，希望能够对于这个新考上研究生的女孩子有所启悟。

钱穆先生常常给他的学生讲这个故事。他青年时代有一天路过山西的一座古庙，看到一位老道士正在清除庭院中一棵枯死的古柏。钱穆好奇地问："这古柏虽死，姿势还强健，为什么要挖掉呢？"老道士说："要补种别的树！"

钱穆问："种一棵什么树呢？"

道士说："夹竹桃。"

钱穆大为惊异："为什么不种松柏，要种夹竹桃呢？"

老道说："松柏树长大，我看不到了，夹竹桃明年就开花，我还看得到。"

钱穆先生听了，大为感叹，他说："士不可不弘毅，任重而道远。丛林的开山祖师，有种夹竹桃的吗？"钱穆常以此勉励自己的学生：做学问的人，不要只种桃种李种春风，还应该种松种柏种永恒。

钱先生对学生说，这件事让他推想，这座庙的远景是要不妙的了，一个没有远见的人担任住持，这个庙哪里还有前程呢？

钱穆在很多场合提到这个经历。他还多次讲到开山祖师，用十年二十年建成一庙，没等松柏长成，就把庙交给徒弟们，自己又到别的名山，白手起家，去造一座新的庙，庙宇越来越多，他的精神也越来越发扬光大，以致名垂千古。

讲了钱穆的故事，不知道这对父女做何感想。

我越来越发现，现在的大学生从一进校开始，都在为一个饭碗而不遗余力。对此，我很不理解。我想，如果把一个饭碗，把一套房子当做自己的人生目标的话，实在是人生的悲哀。如果大家想一想，从你出生来到人世间，你什么时候为了饭碗和一张床而忧虑过呢？为什么上了大学了，反而把这作为自己的目标了呢？

人生必须有远大的理想，必须有远大的抱负。当你有了这些的时候，你才会对暂时的物质条件不以为意。其实，生活的哲学是这样的：当你的理想实现的时候，当你的事业到达了一个高地的时候，所谓那些物质的东西，都会迎刃而解。

走出心中的牢笼 >>>>>>

我们在受害者牢笼里面待的时间愈长，就愈不快乐；受害者情结愈少，你才会愈来愈快乐。如果此刻的你心情不好，我可以跟你打赌，你一定或多或少地在这个牢笼中打转。

受害者牢笼厉害的地方就在于，即使我们已经知道了它的招数，而且知道愈在里面"流浪"就愈不快乐，可常常在意识上还是看不出来。而且，在我们的内心，这样的牢笼有无数个。也许今天你从这个牢笼中解脱出来，明天又进入了另外一个，好像是挣脱出来了，其实是进入一个更大的牢笼里而已。所以你必须时时小心，并体察你的内在。

有一次，我去帮一位老师翻译他后二三天的课程。不巧，我当时又病了，而且是喉咙痛（上次，我帮这位老师翻译时讲不出话来的情景又浮现在眼前）。我很不开心，我一直认为无论做什么事情，只要努力，就一定会有成果。但是，我的身体常常跟我作对。我花了不知道多少心思、精力、时间、金钱在它上面，可是，虽然我看起来年轻，身体真的不错，但常常精力不足，该要干事儿的时候就生病。

这次，我受害的情绪达到最高点，觉得我的身体真的对不起我。我平常不是当拯救者（不停地吃各种营养品、锻炼、按摩等），就是成为迫害者（埋怨我的身体，厌恶它）。后来我发现了受害者牢笼的出口在哪里，不在别处，就在受害者的情绪上

就在我担任翻译的前一天，我终于认识到自己在这方面一直处于受害者地位，却浑然不觉。我受够了，决定不当受害者了，我愿意去面对因为身体不跟我合作而产生的沮丧、绝望、挫败、无力感，并且跟它们和平共处，

结果就是，前一天我发烧，头痛，第二天开始翻译的时候，身体虽然不是特别舒服，头晕晕的，看东西都是模模糊糊的，但是，当我愿意跟自己的负面情绪共处时＋它们就不是问题啦。我的情绪可好了，开心得很。我决定不再扮演受害者角色，所以，不管我的身体怎样，我都不受它影响。

第一天结束了，我回到房间，喉咙很痛，很像要讲不出话来的感觉。我还是不受影响，不中计。但我很真诚地跪下来祈祷，希望我能够顺利地帮老师把剩下的两天课好好地翻译完。结果，第二天，我的状况就好多了，第三天，我就完全恢复正常了。

所以，你再怎么对抗都是没有用的，当你臣服以后，你的情

绪获得了解放，你离开了牢笼，外面海阔天空！

不过这位老师说，他以前都是从一个小的牢笼换到一个大的牢笼。所以，我也一直在观察自己，有没有进入另一个比较大、比较漂亮的牢笼里。

随时注意，不管那个牢笼多大、多漂亮，它都无法给你自由。我知道自己还有机会随时"入狱"，所以密切地观察、提醒自己。

在这里，我说的是我的身体，而你的配偶，或是你的工作、你的孩子、你的婆婆、你的事业，都可能是让你"入狱"的原因。我之所以和大家分享我的心路历程，是希望愈来愈多的人能呼吸到自由的空气。

你想要的生活

>>>>>>

我们想要的生活到底是什么？

6年前，我和同学绫子大学毕业后一起闯荡广州。在南下的绿皮火车上，我们踌躇满志又颇为惶恐。一天一夜后，突然置身于广州的花花世界时，我们内心的激动无以言表。

经过一番周折，我好不容易找到了一份办公室文秘的工作。我向绫子自嘲，就是一端茶倒水的蓝领，这和我当初坐拥一方天下、指挥若定的女强人梦想相差几亿兆光年。绫子比我境况还差，看上她的工作她看不上，她看上的工作看不上她，结果折腾了大半年，依然没找到"婆家"。房租、伙食费均由她小县城里的老父亲按月寄来。

华灯初上，我俩夜游北京路，在一件色彩淡雅的曳地长裙面前，绫子屏住了呼吸。350元的标价并不算高，但这对当初挣扎在温饱线的我们来讲，是可望而不可即的。绫子忍不住轻轻摩挲着那闪着华美光芒的裙裾，女店员向我们投以轻蔑眼光，斜着眼问："小姐，你买不买？"绫子的脸唰地一下红了："看看又怎样，这衣服我不喜欢。"女店员啪的一下，把写有"非买勿摸"的纸牌挡在我们面前。我拉着绫子赶紧走。绫子青筋暴起，回头骂她："你他妈的有什么了不起？"一面流下泪来。那晚我们在霓虹灯下坐到很晚。绫子对我说："我一定要在这座城市，拥有自己的别墅、汽车，做个腰缠万贯的富婆！"

林秀是比我晚一年进入公司的。这个只有中专学历的矮个子女生，眉眼普通，扔进人堆里就找不见影儿。我心里忍不住鄙夷地叫她"柴火妞"。跟她比，我也算"前辈"了，"老前辈"扔给我的活儿我想当然地扔给她。她却什么活都干得贼起劲儿！看不清颜色的大理石桌面冰清玉洁了，主任的桌子上总是茶香缭绕。公司电脑系统瘫痪，她跑前跑后地找人修理，买零件，还拿着个小本子跟在电脑师傅的屁股后边不耻下问。周日休息，烈日炎炎，我们都作鸟兽散，她却主动请缨跟着验货员去工厂验货。我心里又给她起了个绰号"马屁妞"。马屁柴火妞越来越让我刮目相看，午间休息时，她戴上耳机自学日语，下班时，她坐一个小时的公交去中山大学读自考辅导班。这让整日浑浑噩噩的我为自己难为情！加薪、提升，这些都是遥远的童话，没有领导的器重，我心里那簇希望的小火苗眼见就要熄灭了。

绫子的状况比我还差。她换了好几份工作了。不是她受不了老板的颐指气使，就是老板受不了她的嚣张跋扈。我曾和绫子一天天地坐在出租屋的顶楼阳台上，看脚下的人们像蚂蚁一样在水泥森林里匆忙来去。

"这不是我想要的生活。"绫子说。

而这又是谁想要的生活？我工作起来愈加心不在焉，却下定不了决心从这种生活状态里拔出脚来。惩罚我的时刻到来了。一日，主任黑着脸站在我面前，把产品价目表啪的一下摔在我的面前。举座皆惊！主任指着他用红笔圈过的两处数据，声音提高了八度："你是什么脑子？幸亏我发现得早，0.05 你能写成 0.5。"原来我把产品的规格尺寸弄错了一个小数点。面对主任的咄咄逼人，同事们幸灾乐祸的目光，我又羞又恼，啪的一下，把办公桌上的文件扫在了地上，转身跑进了女厕所。我不能让他们看到我的眼泪。"笃笃"的敲门声传来，马屁柴火妞站在门外。我说："我不需要你的怜悯。"没想到她跳起脚来把我骂了一通："犯了这么低能的错误，主任不该骂你吗？你凭什么不努力工作，这世界没人有理由包容你。"我不哭了，我被骂醒了。是啊，我该从自命不凡的梦中醒醒了。在同事们愕然的注视下，我走到主任面前，对他说："对不起，请再给我一次机会。"就这样卷铺盖走人，我将一辈子瞧不起我自己。

绫子的举动开始反常起来，经常夜不归宿，每次出去都把自己打扮得鲜艳妖冶，送她回来的轿车时而奥迪，时而奔驰。她出手也变得大方，常不眨眼地买下贵得咋舌的 LV 女包。一日，一个四十多岁、脖子上戴着很粗的黄金链子的肥胖男人送她回来，我心里难过得要命。绫子对我说："我知道你心里想什么，你那样辛苦工作，一个月能买房子的几片瓦？别跟我说踏实，你还能年轻几年？"我的穷苦窘迫让我无法反驳她，但我知道，绫子走了一条太危险的路。我们之间的隔阂越来越深，常常相对无言。后来，绫子搬离了我们的出租屋。我很想劝劝她，但是什么也说不出。

公司开始开拓日本市场。勤奋妞（我早给林秀换了绰号）自学的日语足以能应付市场开发及业务洽谈，加上她对工厂产品的熟悉，干起来有声有色。最终因业绩突出，荣升日本部主任。眼见着她乘着"直升机"嗖嗖地飞过，我心有不甘，紧紧尾随。6年过去了，我跻身于公司的中层干部队伍，生活虽然与宝马香车无缘，也算脱贫致富了。绫子实现了她的梦想，住别墅，开宝马。但她却不快乐，很多个夜晚，绫子沿着珠江江畔开车散心，直到东方露出鱼肚白。她说，身边有很多男人，却没有自己的归宿。手里有很多钱，却没有安全感。这不是我想要的生活！

我们想要的生活到底是什么？锦衣，玉食，尊贵，荣耀？恐怕都不是。是即使卑微，即使贫穷，依然珍惜奋斗的过程，依然将理想当作生活下去的慰藉。懂得感恩，懂得知足，平凡艰苦的日子，亦温暖踏实如天堂！这个道理林秀一开始就懂了，经历了磨砺的我也懂了，不知绫子什么时候才会懂得？

把离别
尽量推远

>>>>>>

一个孤独的人，

是可以通达和超脱的，

但是一个父亲，一个丈夫，

他总要未雨绸缪，

想着将离别的日子推远一点，

再推远一点。

尽量推远 把离别 >>>>>>

已经有好几个晚上了，我从睡梦中惊醒，脸上热泪滚滚。我想念父亲了。

我的儿子小树和同学打架，失败后向人示威："我太阳公公的骨头是铁做的。"太阳公公就是我的父亲，他力气很大，一掌下去，砖头应声断开。拍一下桌子，所有的空碗都要一阵乱跳。就是这样的父亲，除了感冒和牙疼，从来看不见他身上有病。养育我们长大的这几十年，他就像个太阳一样在无数的日子里穿梭来穿梭去，教书、挣钱、奔波……浑然圆满，活力四射。

可是，冬天刚来的时候，我回家去看他的妈妈；大清早在橘树下面，我捶了他一拳：爸爸，你为什么不站直？弓着腰像个老头儿似的？他揉了一下腰，回答我：我每天要到上午十点之后才能渐渐站直，腰椎不行了。

我不想描述他的样子给任何人听，我也不想问他，他的腰是何时开始这样的。问什么，难道问了之后，从前那些我没有在意的弯腰弓背的早晨就不存在了？我经常回去看他，他有时候说他血压高，半夜小便困难，我一只耳朵进另一只耳朵出，觉得那都是人家父亲的病，关他什么事。还怪他总是听信报纸和电视里的保健品广告，买了那么多没用的灵芝胶囊、虫草含片、深海鱼油。他常常粗暴地反击我：我不吃怎么办啊，我已经七十啦！你看好了我一死你妈还能活几天！

这些话真没意思。我不和他吵了。

再早几天，我的五爷爷，比父亲大十岁的他的小叔，忽然在睡梦中去世了。穿着孝衣的父亲那几天没有任何表情，他有时候走到他的小叔灵前，看一看，不流泪，也不说话。那时我就隐约觉得父亲有点老了，他不动声色的背后藏着某种不舍与畏惧。

看着五爷爷安详的模样，其实我们都知道，死亡没有那么可怕，可怕的是离别。更可怕的是父母自己也意识到了，父亲他买回来给我们吃的鱼更大，他将藏着掖着几十年的工资卡密码在晚餐桌上宣布了。父母和子女的深情，自孩子幼年而始，当中经历了一长段的麻木期之后，又在父母晚年，被召唤出来，它炽热如地火却又隐忍不发。

那些充斥着报纸和电视的保健品广告，来得更猛烈些吧！我感激它们，是我曾经浑然圆满如太阳的父亲，在晚年放下一切雄心和梦想，一切奔波与劳碌，尘埃落定地，做着唯一一个梦——

健康的梦。

　　一个孤独的人，是可以通达和超脱的，但是一个父亲，一个丈夫，他总要未雨绸缪，想着将离别的日子推远一点，再推远一点。

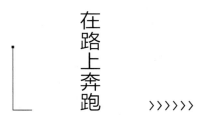

在路上奔跑 >>>>>>

　　在部队这些年，几乎每天都在奔跑，记不清跑了多少公里，也记不清在多少地方跑过，只有那年在云南为他跑的步还记得清清楚楚。

　　他叫潘永兴，是和我交情极好的一个战友，我去部队的时候，他已经在那个地方待了整整七年。虽然我是一个科班出身的军官，但部队里的事我实在知道得不多，相比之下，潘永兴技术过硬，轻车熟路。刚开始，我叫他潘班长，后来改叫潘头。

　　在云南驻训时，我和潘头驻守野外射击场，射击场四周都是山，山的外面还是山。我和潘头早晨必须五点半起床，提前预设场地，晚上我睡在指挥所旁边的卡车里，潘头扛着单兵帐篷去山里守靶子和钢索。这个没有任何投资的天然射击场白天人声鼎沸、枪炮轰鸣，晚上的时候死一般沉寂，让人忧伤和绝望。潘头说，当兵七年来，每年都有三个多月在这里度过，有好几个战友把鲜血洒在了这片土地上，甚至把生命都留在了这里。潘头深吸一口烟，憋得满脸通红，再徐徐地吐着烟圈儿，眯起眼睛凝望着远处的山，轻描淡写地继续说，我的老班长就死在这里。也许这就是他每年申请来这里的原因吧。

夏天的云南雨很多，有时下雹子，令人猝不及防。我常常被淋得像落水狗一样，但又不得不在泥地里跋涉、收旗子、装靶、舀水。最痛苦的是我们两个必须有一个回野外营区吃饭，再给另一个带饭，来回少说也有十五公里。坦克轧过的地方看起来很硬，可有的仅仅表面风干了，一脚踩上去稀泥直接没过膝盖，刚开始我经常陷到这种泥潭里，哭笑不得。潘头看到我浑身是泥的狼狈样总会不屑地边摇头边说，看看你这军校毕业的军官吧。为了让带过去的饭菜还有点温度，每次我都会跑步，我发疯一样飞快地跑，因为我知道还有一个兄弟在等着我手中的饭。我感觉从来没有跑得那样快，似乎路旁那唧唧喳喳的小鸟都不如我的身躯这般轻盈。

潘头和我无话不谈，也许是在只有两个人的世界里不说话会闷死的缘故吧。有一天晚上，潘头给我讲他的班长，他说："班长姓李，贵州人。那一年，我还只是个上等兵，班长第九年，是我的新兵班长。由于我既懂事又能吃苦，班长非常喜欢我，做什么都带着我，大家叫他老李，我不敢。

"那年守射击场还有一个排长。有一天，部队训练完带回了，老李坐在炮塔上抽烟，排长站在坦克上教我打高射机枪，子弹上了膛，我兴奋地瞄啊，瞄啊……突然，不知道为什么发生了180度大调枪，黑洞洞的枪口对准了排长，我一慌神就扣动了扳机，子弹嗖嗖地蹿了出去。说时迟，那时快，班长奋力跃起，把排长一把推下了坦克，可他自己却来不及躲闪，胸口被子弹打了两个茶杯口那么大的血窟窿。我们都吓坏了，害怕得大哭起来，班长在排长的怀里不停地抽搐着，惊恐地忘记了哭泣。殷红的血顿时流了一地，我赶紧把自己的衣服脱了绑在那巨大的创面上，背起来就跑，班长身上全是血，血顺着他的腹部和我的脊背一股股地往下淌。

班长缓缓地抬起自己的手放在我的大臂上，我哽咽着尽量跑得不要太抖。

接下来的十分钟，我奋力奔跑在这条小路上，排长紧跟在后面托着班长的屁股。班长捏着我大臂的手时紧时松，仿佛是在表达他痛苦的程度，他已经活不了多久了。

"我强忍着泪水开始祈祷起来，把一切能够浮现在脑海里的任何东西都说了出来，上帝、如来佛、观世音菩萨、真神阿拉，但是没有一个回应我，在这条杂草丛生的小路上，在这荒无人烟的野外驻训场，一个老兵正在和死神抗争，他的两个战友正在和绝望抗争，而那个守望一切的上帝却什么都不做。突然，班长抓住我的手开始抽搐起来，现在他的手是如此用力地抓住我，以致我不得不停下来，以免更坏的情况发生。我把他放在一块有靠背的草地上，排长去背他的时候，班长示意不用了。他的眼睛里浮现出一种奇异的神色，我的心剧烈地跳动着，以致胸口都有些疼痛。我不愿相信这即将到来的事情。

我喊道：'李班长！'

"排长扶着他轻轻地问：'老李，你是不是有什么要说的？'就和电视里一样。"

"班长点了点头，他的嘴唇和面部都呈现恐怖的苍白色，夹杂着血液和唾液的气泡随着呼吸在嘴角冒出来。他快不行了，他对排长说：'向……上面报的……时候，就说是我自己……操作失误……'说完后班长慢慢闭上了眼，可不一会儿又睁开了眼，他努力张了张嘴，却没有出声，排长问班长，老李，你是担心嫂子和伯父伯母吗？班长的眼睛眨了一下，就歪倒在了排长怀里。李班长死了，我的新兵班长死了……他真的死了。"

潘头号啕大哭起来，好像这是刚发生的事情。他先是搂着我的肩膀哭，然后蹲下来抱着头哭。他哭着对我说，排长，我对不起班长，是我害死他的，我到底是怎么了？我凄然地扶着他，欲言又止，我不知道该如何回答他，哪怕是说一点安慰的话。是啊，五年了，他承担了太多、太久，在这样一个老兵面前我又能说什么呢？我又有什么可说的呢？

　　那天晚上，潘头照常按照营长的指示背了帐篷去山里。我则抱着枪静静地躺在卡车里，云南的雨夜很凉、很黑，也很静。我翻来覆去睡不着，远离家人孤独地躺在这雨声啾啾的野外，我还记得那颗顺着我的脸颊流下的热泪，那是一颗明白了世事后难以言表的眼泪。

　　从那以后，每次跑在这条路上，我都像一个虔诚的教徒一样，怀着极其神圣的使命奋力奔跑。仿佛有无穷的力量，永不知疲倦……日子过得很慢，但终究还是会向前流。如今我在北京读研，潘头几经考虑选择了留队，因为部队需要他。如今，不知道是谁和潘头一起守着靶场，又不知道是谁，奔跑在那条小路上，那条从野外营区到射击场的林间小路……

掌心开出的生命之花

>>>>>>

　　那天，肿瘤科住进来一位大约三十出头的女病人，陪伴她的只有她的母亲一人。我在这家医院上班虽然已近十年，见过了太多的生离死别，但每每看到这样的病人，心里总会有种惋惜之情，特别在面对年轻患者时，这种情感更是强烈。

　　在随后住院的日子里，女人没有我平时看到的那些患者共有的悲观厌世、自暴自弃，好像她来医院只是借宿一段日子。母亲岁数大，不管打饭还是上厕所她都坚持一个人去做，不让母亲为她麻烦一点儿，她按时吃药、按时给病房窗台上的花浇水。每当我给她换药输液的时候，总能看到她一脸的阳光，没有丝毫的痛苦，没事的时候还会和同室的病友们聊一些生活中的事情。

　　半月后，要对她进行肿瘤切除手术。给她输液的时候，我说道："明天就要手术了，一切都会过去的……"我本想着要安慰一下她的，谁知她听后竟一脸的平静，反倒安慰起我来："没啥啦！只是从这个房间挪到那个房间而已，人生就是走来走去，但一定要走下去，每个人都这样。"当我在她伸出的右手上寻找血管的时候，我明显地看到她白皙的手掌心处歪歪扭扭地写着这样几个字："加油，我和儿子等你回家！"我一下子震撼了！我猜想，丈夫也许太忙了，居然和孩子用这样看得见的浪漫方式，把爱意写在掌心上。我对她说加油！她微笑着点头。

手术结束了，非常成功，整个手术室都为她高兴，因为大家从我口中得知她有一个极爱她的丈夫。在她苏醒的时候，我趴在她枕边悄悄告诉她："祝贺你，手术一切顺利。还有，你丈夫真好！"

她听后微微一笑说："谢谢，他已经不在了……""啊！那你手上的字是？"

看着我们惊奇的目光，她道明了原委。

她原本有着一个幸福的三口之家，儿子聪明伶俐，夫妻相互恩爱。哪知命运弄人，在儿子6岁的时候，她丈夫突遭车祸。丈夫临走时，气息微弱地告诉她："一定要好好活下去，照顾好咱们的儿子……"她含泪连连点头答应。

料理完丈夫的后事，她搂着儿子望着空荡荡的家整宿整宿地睡不着觉，但生活还要继续，丈夫走了，我要一人支起这个家。眼看儿子读完小学，上了初中，她感觉生活也越来越有奔头了。有一天早晨，她突然眼前一阵眩晕，差点倒在地上，到医院一检查，竟然是肿瘤。

　　这次已是第三次手术了，为了治病，她把亲戚朋友借了个遍，加上疾病的折磨，很长很长一段时间，她几近崩溃，觉得几乎熬不下去了。可想起丈夫，想起他的临终嘱咐，还有他们曾经美好恩爱的日子，一个声音就会在她心里响起："我不能倒，有我在，家就在！"

　　手术前两天的晚上，她微笑着、想象着丈夫生前温暖的模样，用左手在自己右手上写上这么一句话——"加油，我和儿子等你回家！"这句话里有爸爸、妈妈和儿子，那是一个完整的家！

　　听她诉说完，整个手术室的人都沉默了，我的眼睛泛着潮湿。

　　阡陌红尘，每个人在疾病、困苦和磨难面前，都是脆弱而无力的，但是，一旦拥有打败这些的力量，再黑暗的吞噬都可使人迸发出无所畏惧的力量和勇气，在绝望的掌心深处，开出一朵乐观、微笑与明媚的生命之花！

最贵重的财富

>>>>>>

那一年，她60多岁，头发花白，皱纹遍布，更是直不起原本就不健康的腰身。

她已经独自在那条古老的街上生活了好几年，住街道中间的一所旧房子。似乎没有子女和其他亲戚，这些年，从没有人来看过她。她靠着政府的救济金生活。生活很拮据，要每天赶早市去买便宜的菜。

那一年，他24岁，来到这个城市，在街头搭了个简易的棚子修理自行车，也兼做配钥匙的小生意。他从出生就是一个人，孤儿院里长大，读了几年书，十几岁便开始四下流浪，为生存奔波。

每天早上，他也会起很早做生意，于是常常会见到她。他有时候会和老人打声招呼，阿婆，路不平，慢着点啊。老人不怎么爱说话，有时候应一声，有时候不。

他便笑笑做自己的活，但是也会下意识抬头，看着老人的脚步渐渐走远。要是刚刚下过雨，老人路过时，他会一直将老人送到早市那里。老人一直不怎么说话，可是对他的帮助，却并不拒绝。

有一天早上，老人挎着一个篮子蹒跚着来到了他的棚子前，一句话没说，将篮子放下就走了。

他掀开篮子上面盖的布，看到里面是一碗热腾腾的鸡蛋面和一盘绿油油的菠菜。

他的心里一暖。这些年，他从来没有吃过家里做的这样简单却可口温暖的饭菜。这些年，日子都是混着过，饥一顿饱一顿，他早已经习惯了。而那天早上，那碗热腾腾的鸡蛋面让他忽然感觉到了自己有生以来缺失的温暖。

吃过饭，他把碗筷洗了，想了想，买了几斤苹果装进篮子给老人送了回去。之后，他偶尔会吃到老人做的热饭菜，也经常给老人送些东西过去。也许是同病相怜，他觉得老人很亲。而老人对他，也有一种母亲般的疼爱。

那天早上，他照例早早起来，敞开棚子，吃惊地发现老人正倒在他的棚子前呻吟着。前一天晚上下了大雨，老人的眼神早已不太好，没留意到积了水的坑，跌倒了。他赶忙把老人扶起来，扶到自己的棚子里，询问她跌伤了哪里，老人也说不出来，只是不停呻吟。他不敢耽搁，骑上自己的三轮车将老人送到医院做检查。

很不幸，老人腿部骨折了。打上夹板以后，医生说，还要休息几个月。暂时是不能站起来走路了。几天后，他用自己攒了好些天的钱为老人付了住院费，然后把老人送回家，他对老人说，阿婆，你就安心养着，我来照顾你。老人想说什么，却没有说出口，看着他，浑浊的双眼忽然蓄满了泪水。

他说到做到，白天一边忙自己的活儿一边忙着照顾老人。一天三顿饭，向来花钱节俭的他都会在一个小饭店做好送过去，伺候老人吃。然后收拾收拾，晚上，安置老人睡下才走……

这样过了三个月，老人康复了。从那以后，老人开始照顾起他的生活，每天三顿饭，变着花样，做得可口，不是大鱼大肉，白菜豆腐的他吃得按时也舒心。他再也没穿过脏兮兮布满油污的衣服。所有的衣服，老人都帮他清洗得干干净净。

终于，老人66岁生日那天，穿着他买的光鲜鲜的新衣说，孩子，要是不嫌弃，以后你就叫我妈吧。他顿了许久才把那个字叫出口，声音颤抖着喊了一声妈，一米八高的汉子竟然流了许多眼泪。

三年后，他娶了一个腿脚不太好的姑娘为妻。一年后生了个健康可爱的男孩。妻子很善良，和他一样孝敬老人。一家四口，三世同堂，贫瘠的生活被他们营造得幸福快乐。

他们就这样一起生活了16年。16年后，82岁的老人依然身体健康，却在一天晚上，出了一场意外。那天晚上，老人在街边乘凉被一辆车撞倒，司机喝了很多酒，车先是撞了老人，然后撞到了墙上。他将老人送到医院，抢救无效。悲痛过后，他为老人办了丧礼，以儿子的名义。

之后交通事故处理完毕，肇事司机除了要承担刑事责任，还捎带了18万元的民事赔偿。很自然地，钱交到了他的手里。

只是，这笔钱他还没有想好如何处理就接到了法院传票。起诉他的，是老人的两个儿子，他们要求继承包括这18万元和房子在内的老人的所有遗产。

法庭上，那两个男人振振有词，慷慨激昂。他却始终沉默，直到他们讲完后，他才站起来慢慢地说，我什么都不要，钱和房子，全都给他们吧。

在场所有人包括法官在内都愣住了，尽管法律无情，可是他真的可以要求，满条街的人几乎都来为他争取了。他们看着他。他的神情格外平静，看了那两个同样有些目瞪口呆的男人一眼说，因为，妈已经把最贵重的给了我。那就是母爱，是16年有母亲疼爱的生活。说完，他转身走了出去。身后，有两个男人深深低下了头。

一个美好的开始 >>>>>>

高三开始，当凌峰发现自己的新同桌是个女生的时候，他并没太在意。因为这个女生似乎总是沉默。更何况她是个复读生，他们之间根本没有交集。

"你能告诉我，今天的作业吗？"女孩3天内只跟他说了这一句话。

放学后，凌峰经常会去图书馆买一些参考书。那天，他正在书架前懒懒的徜徉，翻开的数学题海令他感到窒息。忽然，他发现对面站着同桌的女孩。凌峰站在那里，呆呆地注视了她几秒，然后红着脸默默地转身离开。

女孩确实很闷，除了学习，周围的一切对她来说都好像不存在。她也不怎么合群，跟班上的女生很少交往。即便这样波澜不惊，他们也只同桌了不到3个月，很快她就转学了。生活就是这样，很多人就像插曲，犹如小溪里碰见的石子，波澜不惊。

大一结束后的高中同学聚会上，凌峰问班长欧阳："高三我那半路同桌，叫什么名字来着……如今在哪呢？"

"好像在绍兴外国语学院。"欧阳含糊地说。

"哦。如果有她联系方式，要告诉我，毕竟我们同桌一场。"

……

大二的一天傍晚，太阳从操场背后的云层中慢慢坠落，几颗星星正在疲惫地爬上天空的时候，凌峰结束了一天的课程，像摊烂泥一样糊在宿舍的床上，这时，手机响了。

"你要的电话，找到了。"同学说完，短信发过来一个号码。凌峰立马坐了起来，手指颤抖地按下 11 个阿拉伯数字。

"喂？你好，请问你是？"

"美萍吗？是我。"

"哦，对不起，你打错了。"

凌峰在心里咒骂了一句"操"速速地挂掉了电话。然后重新翻出号码，他发现自己激动地拨错了一个数字。当他再打过去的时候，忽然没有了勇气，接通的一瞬间他按下了红色结束键。

纠结良久，凌峰还是鼓起勇气再次拨通了电话。

"喂？"久违的声音虽然听得并不多，但不得不承认，就是她。因为听见这个声音以后带来的神奇喜悦好像是春雨落入大地给万物带来的喜悦。

他们聊了一小会儿，只是问了问彼此的近况，别无其他。凌峰觉得他们好像说了有一个世纪般漫长。

一个月后，晚上 11 点，宿舍已经熄了灯，美萍忽然打来电话。

"我听欧阳说，你让他找我要电话。"

凌峰诧异地回答："嗯？是……这样。"

"为什么？"

凌峰想起三年前，在图书馆看见美萍的一幕，她犹如从海平线上逐渐升起的月亮，那样清新，又犹如下过雪的清晨，有一种味觉感受不到的甜蜜。那一刻，凌峰感觉到书店里所有的书架都矮了下去，钻入木质的地板，所有人像空气一样蒸发掉，阳光正透过墙壁，温暖着凌峰的心，帮助爱情的种子从心房悄悄萌芽。

"因为……因为……"

"嗯？"

"因为从第一次见到你，我就喜欢上你啊……"

"要知道这样做对我们都无益处，虽然在所有我认识的男生中你是最优秀的，但是我想我们还是不可能。"

"那么，你是想告诉我什么？"

"你对一些事情还不够清楚，所以……"

"你能说更清楚一些吗？"

"算了，我们还是现实点吧。"

这算是一种拒绝吗？如果是，那么从这个夜晚开始，所有幻想和期望都悄悄结束，就像月亮躲进了云朵，流星划过了天际，原来爱，从未开始。

最好的办法是忘记，可当特里斯坦喝下爱杯里的酒时，他愈发试图忘却，痛苦就愈发强烈。一年后。凌峰忍不住又拨通了美萍的号码。

"我想去绍兴玩，你要不要带着我四处转转呢？"

"绍兴的地方我都转过几十回了，看情况吧。"美萍僵硬地回答。

凌峰还是去了。夜晚的沈园笼罩在一片静谧的氛围之下。这样的夜晚，重新给了他勇气，似乎沈园里的每一棵草，每一株树，都在肯定他的选择。

"今天跟那天一样，似乎一切都消失了。"

"哪天？"

"我们在图书馆相遇那天。"

"我们在图书馆见过吗？"

"我只记得当时的你有多美，所以周围的一切对我来说都暂时失去了意义。"

"嘴真甜。"

"从遇见你开始，我的人生也变得诗意了。"

"你在军校呆寂寞了吧？"

"因此我永远不会爱上其他人啊。"

她回过脸来看他。此时在月光柔和地抚摸下，她美得让人忘记一切，他不知道接下来该说些什么，而她沉默不语。许久，还是他打破了沉默。

"4 年来我的心意从来没有改变。"

"你知道我会说什么吗？"

"我害怕你所说的一切，因为我担心我会永远失去你。"

"我觉得有些现实问题你还不够清醒。"

"不，我很清楚。你要相信什么也阻挡不了我们。最后，我只想问你，明天这张火车票，我退还是不退？"凌峰坚决得不容置疑。

"那你的将来呢？会被派去什么地方？"对任何一个军校生来说，这个问题是多么难回答啊，而要对一个深爱的女孩许诺自己永远不知道的未来吗？

"考研，或者回家！"他充满信心，如果此时他不能信心百倍，他将一无所有，而因为信心，他将无所不有。

"你喜欢我哪一点？"

"没有哪一点，全部的你。"

"你对女朋友有什么期许吗？"

"你是基于其他人的想法，还是我们的现实？"

这下轮到她沉默了。其实爱情就是这样，你在狠狠地催促，逼迫一个人给出答案，也许她是自愿的，也许她并不想给出任何的答案，很多时候你甚至不知道没有答案，你想要的一切，无论是不是切合实际，都有可能太过遥远。

绍兴的夏天也确实沉闷，尤其是在时间凝固的时候。他只听见一个声音。就像一支箭射破了膨胀的空气。

"嘶。"

凌峰不知道什么时候，车票已经到了美萍的手上。票被撕成了两片。

"这算是一种答案吗？"美萍仰起脸问。

凌峰笑了。这才是最美好的结局。它的美好在于它成为一个故事的开始，而非结束。

一只流浪猫 >>>>>>

狸狸是只流浪猫，我尾随着狸狸，走了很长一段路了。

隐约中，我看见狸狸跳进了一家院子。细看，不错，它的确是进了那院子。于是，我急忙围绕着这排院子搜寻。狸狸没有出来。它为什么只进这个院子？也许它知道里面有吃的？也许这儿有它的好友？我这么想着，笑了。为我跟踪一只猫而笑。心里暗暗骂，一个傻女人。

我决定站在草丛中，等狸狸出来给它一个惊喜，然后跟着我一起回家。

眼睛盯着狸狸进去的院子不放，脑子里却像过电影一样，回忆起半年前狸狸和我初相识的情景。

狸狸初来我家，跟随着一群流浪猫，机警而强悍，争抢着吃我放在园子里的猫食。第一眼，我便记住了它。它是只狸猫，很显眼的是它半个身子的毛脱落了，浑身疙疙瘩瘩地长满了癣。抢食是很凶猛的，即便如此，我注意到它忧郁的眼神。尤其在它注视我的瞬间，没有恐惧，全是忧郁。我因此断定它不是流浪猫。

第二天，很早，它就自己先来了。我从窗户里往外看，它正狼吞虎咽吃着垃圾里面的骨头。我忙抓了一把猫粮给它，如此近距离，它竟一点不怕。它真不是流浪猫，可为什么加入了流浪队伍呢？被它主人遗弃了？我反复想着。

在喂了它一次后，它便不再走远，总是游离在我家屋子附近。我也就开始每日三餐喂它，还备了干净的清水。没几天工夫，只要我在屋前喊一声"狸狸"，它就不顾一切地赶来，蹲在地上仰着脸，严肃认真地看着我，像是在问，什么事？

那段时间，狸狸病得很厉害。它全身长满了癣，剧痒难耐，一刻也无法安宁：时时刻刻不停地用嘴，用爪子挠着，咬着。最最要紧的，是它的忧郁。每每看到它这副样子，我总是感觉特别揪心。狸狸寸步不离地守在我家门口，不知是从哪天开始的了。早上我一出卧室，大门的玻璃外便是它小小的身影。一直到很晚很晚，我在进卧室前，会关掉所有的灯，看外面月光照耀下，一个小小身影映在大门的玻璃上。它的姿势永远是面朝屋里，脑袋随着在屋里移动的我而动。

一晚，我在床上看书，看得有些累了，起身出去拿水。出了卧室，一眼便看到门外那小小的身影，姿势依旧，一动未动。夜已经很深了。狸狸始终守候在我家门口，守着，等着。陡地，我明白了，狸狸每天都是这样等着，一整夜，一整夜的。

是我家引起了狸狸对家的回忆么，以至于它那么专注而忧郁？

狸狸默默无语，却片刻不肯离去，静静守候着我家，往屋里深情地凝视着，和原来混在一群流浪者里时大不一样。

我让它进了屋。狸狸显示出对家的熟悉。它毫不犹豫地上了沙发，稳当地趴下，用家猫惯常的目光审视屋里的一切。它与我家原有的陶陶、悦悦、黄黄和谐得不能再和谐。我知道，虽说我家猫猫都很有教养地接受了它，但，狸狸用尽了忍耐。它不争抢吃的，也不争抢睡的地方。更为酸楚的是，我家那三只猫戏耍打闹时，狸狸只能站在一边静静地看着。它还要忍受那三只猫的不理睬。这似乎很残酷。

狸狸更忧郁了，显见它原来的家不是这样的。

那么，狸狸原来的家，原来的主人是什么样呢？每每想起狸狸原来的家，原来的主人，我便会陷入深思。

对于治病，狸狸是相当顺从，给予了无限的配合。无论是打针、吃药、洗澡、抹药，它都一声不吭。即便这样，两周后，狸狸的病情也未见好转。

我开始上网寻求资料，必须从理论上了解这种猫病。

和人一样，表面上看这是皮肤出了问题，是真菌在作怪，其实深究起来，是身体缺少维生素 B，缺少与阳光合成的钙，当然阳光中的紫外线也是可以杀死真菌的。动物对维生素 B 缺乏，是食物中营养的极度匮乏所致。

由此，我断定，狸狸的病是在它原来的家生的。它家住房不宽敞，空气不流通。流浪猫不会缺少阳光。食物中缺少营养物质，又被真菌侵犯。生病后，也治疗过（可以看到脱毛的表面变色，是涂药的结果），终没见好。也许它的主人没有耐心了，把它扔到远远的这个地方来。

在给狸狸治疗中，我累积了许多经验。比如，往它身上喷药水，一味喷是不行的，第一，猫听见那声音恐惧，会全身挣扎；第二，渗透性不好，可以接触到癣上的药太少，不会起作用。

我发明了一种方法，戴上一次性手套，把药水倒入小杯子，用药棉蘸透药水，轻轻地把手指伸进它的毛里擦。轻得像挠痒痒，狸狸常常会舒服得睡着了。

另外还要放在笼子里晒太阳，每天晒三个小时以上。

两个月后，狸狸康复了。医生说，这是奇迹。医生还说，这猫配合得真好。

在狸狸开始随意进出以后，我发现了它的一个秘密：狸狸每天黄昏时要失踪。失踪的时间长短没有规律，但大都在近傍晚时分。回来时并不叫门，只是漫不经心地在门外趴着。当我开门示意它进屋，它才慢慢起身迈着猫步，不急不忙走进屋。

我伸手去抚摸它，它稍稍躲开。几次后我惊讶，这是为什么？

每次失踪后再回来就这样不肯与我亲近？

于是，也就有了跟踪狸狸的这一幕……我站在通往农家旧院子的草丛里，等待狸狸回来。夜幕就要降临，我开始来回走动，心中有些急。这时，一辆手推车远远过来，我忙迎上去。推车的是一位六十多岁的男人，以为我要找人，就问："你找谁家？"我指着狸狸进去的院子问："那家原来的主人搬哪儿去了？"

"那男人笑了，说，那院子里的人没搬走啊。"

"啊？没搬走？还有人住着？"

"是啊。"

"是什么人哪？还住在这快塌的房子里？"

"是位老人家。快八十岁了，孤寡老太太，盖不起新房了。"

我听了，呆住。半晌，才向已经走远的手推车喊："她怎么不去养老院？"

很远的地方传来回声："她不愿意去……"夜晚，很静，这句话语传出去很远很远……

狸狸病好了，就每天来看她。给它孤寂的主人带来喜悦。

我又下意识地看了一眼那院子，那个狸狸原来的家，里面住着狸狸原来的主人。然后，我转身回家。

走了几步，我又回头看，希望狸狸尾随在我身后。可是狸狸并没有出来……

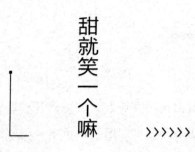

甜就笑一个嘛

[1]

公交车在路上悠悠地跑着，阳光从左边宽大的车窗折射进来变得懒洋洋的，车厢里的人大多犯着困打着盹。

我坐在右边的座位上，左边是一对母子。年轻的母亲二十多岁的样子，斜着头靠在窗上睡着了，怀里一个三四岁的小男孩，头搭靠在母亲的肩膀上流着鼻涕沉沉地睡着。随着车身轻微的晃动，小脑袋睡着睡着就滑到了座位靠背上面。

后面坐着小男孩的爷爷，他举着胳膊把双手垫在那对母子的靠椅上。车跑得一晃一晃的，小男孩的脑袋也跟着晃，因为有爷爷的手心垫在坚硬的靠椅上，所以没有磕醒，睡得安然。

一会儿，那母亲醒了，没几站就下车了，而那位老爷爷又过了几站才下车。他们竟然不是一家人？我透过车窗看到金灿灿的阳光披在那位老爷爷的肩上，他带着微笑走了，为什么他们非得是一家人？

[2]

和家人自驾出远门去访友，回来的高速路上一座大桥损坏不能通行，只好转走国道，又因两辆重卡抢道侧翻一辆，路上黑压压地堵了长长的一溜车。

堵到夜晚时实在闷得慌，就打开车顶和两侧的车窗，关掉广播放入唱片，不知不觉自己就跟着唱起来，唱到忘乎所以时，就跟鬼哭狼嚎差不多。

终于，道路疏通，前面车辆开始点火启动，我忽然看见前方一辆车也大开着车窗，车里的师傅正专注地盯着我看，他使劲憋住自己的表情，我戛然收声，本能地捂住自己的嘴，那师傅终于忍不住大声地笑了出来。

车缓缓起步时，两辆车相向而过，那位师傅通过车窗扔过来一包口香糖，并且回过头大声喊："姑娘，歌唱得不错，今儿个的车堵得挺畅快！"

[3]

夕阳的余晖洒在沿河公园上，把人们的影子拉得细长。我迎着夕阳漫无目的地散步，前面是一位老奶奶，带着一个小女孩。女孩估摸着十二三岁的样子，脑后垂着两个黑油油的辫子，白色衬衣，蓝格子裙。

小女孩轻巧地踩在柳荫道低矮细窄的道牙上，右手高高举起左手放得很低，保持着身体的平衡。她踮着脚尖，好像跳舞一样，终于失去平衡踩到路面，又开始追逐着她奶奶的影子，轻盈地转着圈踩影子玩。

小女孩转身时发现我在看她，哗地一下子把身体收回成笔直正经的样子，呼啦啦地跑到老奶奶的身边，拉着她的手，跟着她奶奶专心地往前走。

这个垂着两个小辫的小女孩，她像极了十几年前的我。

[4]

冬夜里的小巷清冷清冷的，小店差不多都打烊了，那家卖麻糖的阿婆却还坐在那里，我顺路走到店门口问候道："阿婆这么晚了还不休息么？"

"就剩两斤了，卖完好啦！"

我口袋里的钱恰好够两斤，"阿婆，正好我买两斤麻糖回家吃。"

阿婆挑得很仔细，专拣个头又大又圆整的装给我，我看柜台底下还剩了许多碎成小块的麻糖就随口问道："这些碎的怎么处理？其实吃起来还方便呢。"

阿婆笑道："一般都是回炉再加工，阿妹喜欢就半价给你好了。"

我很尴尬地解释我只是随口问问而已，而且口袋里的钱正好只够买这两斤。可最后阿婆还是把那些将近一斤半的碎块块麻糖都装给了我。

第二天我来到阿婆的麻糖店门口非要补上那些碎麻糖的钱，阿婆不要，还反问我："阿妹，你说阿婆的麻糖甜不甜？"

我使劲点头。

"甜就笑一个嘛。"

我被阿婆的幽默逗乐了，就轻轻地笑了出来。

"阿妹笑起来的酒窝也很甜，咱俩这就算扯平了嘛。"

接着就是我们一起放声的大笑。

这就是我平常生活里的微小细碎，它不绚烂也不晦暗，却像生活里一盏荧荧的灯，一条细细的溪流，暖暖地照耀，静静地莹润。

世界是一个圆 »»»»»»

小时候，妈只知道两个村子：焦古营和柳树营。前者是自己家，后者是姥姥家。

她只见过、只认识一座山，叫做独山。如果抬头看到云霞霭霾在山腰间，就是"独山戴帽"，要下雨了。

一天一天长大，她的世界也随着她的身量慢慢扩大：初小在孙庄上，离了有两三里；高小是在乡里的汉冢小学——妈忙不迭告诉我，汉冢乡是刘秀大姑的坟茔所在地，故得此名。汉冢没有初中，她在邻近的金华乡读的。初中毕业，她得到一生中第一次大光彩：她考上了南阳一高（现名南阳一中）。

外公挑着行李，带她步行五十里地，到了南阳城里，一打听，老人全知道："书院嘛。"看她的眼神里有小小的讶异与赞叹。她年纪小，不知道南阳一高曾名"宛南书院"，历史二百余年，她只是三分腼腆七分沾沾自喜，觉得有面子。

那是她第一次知道，南阳地区有这么大，同学中还有来自新野、邓县、整平县……这些地名，她都没听说过。

"新野也不知道吗？所谓刘秀大姑，应该是指他的长姊刘元，就是新野节义长公主。"

她沉思半晌："……初中历史书上没提吧。"

三年光阴一瞬而过，高考填志愿的时候，老师专程叮嘱她一定要报清华，她自己挑了一所郑州的二类学校——为啥报二类？离家近呀。再随便拣了几个一类：华工（华中工学院）、成电（成都电讯学院）、武大（武汉大学）……最后，华工录了她。

外公拜托了一个沾亲带故的人，一辆敞篷运货车，把她捎到许昌，她在许昌坐火车，车的那头，是她平生不曾去过的最大城市：武汉。一切都是第一次，坐火车、出省、上大学……新天新地的焕然一新。

世界有多大？如果这条求学链的任何一环断掉，我想她的答案，一定与此刻不同。

今年九月，我妈的外孙女儿，我姐姐的女儿，我的外甥女儿小满，去布莱尔高中读书了。

布莱尔在哪里？布莱尔镇；布莱尔镇在哪里？新泽西州；如果你连新泽西州也不知道，我会告诉你：就在纽约州旁边。你不会连美国也不知道吧。我可以透露一下：五十年前，我妈不知道。

她的中学地理老师，在课堂上展开世界地图，问学生们：中国大还是美国大？学生们答：美国大。老师郁闷坏了：明明是中国大嘛，怎么看出来美国大的。学生们很实诚：美国四四方方的，看着很实惠，中国四角八歪的。老师给他们气笑了。

小满为什么要去美国读中学？这是她自己、她的父母、两边家族共同决议的结论。这一路，大家都走得跌跌撞撞，一方面是不断地犹豫徘徊，另一方面又是箭在弦上不得不发。

我对小满妈说茅以升，不求闻达于诸侯，但对六个孩子的要求就是：出国留学。必需的。我也说郎静山，一生淡泊名利，可为了孩子出国，求助一直求到梅兰芳。说得小满妈掉眼泪：古往今来，父母的心情是一样的。

我也给小满打气：你看詹天佑，他十二岁就去美国读大学。还有李四光，十四岁就负笈日本。填申请表的时候，一时笔误，把年纪"十四"写在名字栏，这么珍贵的表格不能重填，只好以歪就歪，改了名字。你都十五了，一定没事。小满问我：李四光是谁？

为什么是布莱尔？这……布莱尔其实也想知道，在发过来的学生问卷上郑重问道：是什么，让你及你的家长最终选择了布莱尔？亲，难道我会告诉你：我根本没选。SAT 和托福成绩出来后，我们精心筛选了八所自觉能够上得了的学校，分析需求，寻找每个问题的话里有话，为它们量身打造了八份申请表。递交的当天，还是心下不稳当，又多递了五家。而布莱尔，是这十三所学校里，唯一录取小满的那一所。就这样，你可以当作是误打误撞，也可以说：这，就是缘分，就是命定。

老实说，我们也一直很困惑于：其他的学校哪里没看上小满，而布莱尔看上了小满哪里？她入学后，我们可能找到了答案：她是读九年级，布莱尔却给她安排了十一级的数学课。我们才恍然想起，小满的 SAT 成绩，两次数学都是满分。

总之，正如 50 年前她的外婆一样，小满单身上路，从武汉到上海，再飞抵新泽西纽瓦克机场。她到埠的时候正是凌晨，我不由想象她单薄的小小身影和几口大箱子，就好像，看到了 50 年前，我的母亲。

她们都像箭一样，从她们原有的生活轨迹里射出去，射向很遥远的地方。每一个人能到达的地方，都会变成下一代开拔的地方。这是人间接力跑。

世界有多大？这是小满，将用后半生回答的问题。

一个圆有多大，取决于从圆心出发的半径有多长；世界有多辽阔，要从你上路的那一刻算起。一代一代，生命是一个圆与另一个圆的相接与交错。而想念、不舍与满怀的希望，就是圆与圆互相剪切出的鱼形面。它到底有多大？连欧几里得也未必能算得出来。

神秘的数字

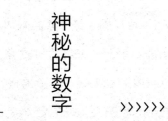

>>>>>>

他每天起床洗漱完，吃了早点便开始伏在桌前写东西。他不写书法，也不写文章，他写一串数字，一遍一遍地将它们写在自己准备的小纸片上。那些纸片有的是烟盒裁成的，有的是街头小广告裁成的，总之，种类繁多，色彩各异。

每天，他就那样反复地抄写同一串电话号码。每抄好一个，他便开心地笑笑，像是完成了一件特别重要的任务，然后将抄好号码的纸条方方正正地叠起来塞进自己的枕头里。做完这些，他活动活动胳膊，又开始抄写第二条。他老年痴呆，行动不便，抄写对他来说都异常吃力，但他一直在坚持着。

养老院的工作人员曾试图帮他抄写，可是他断然拒绝。他是个倔脾气的老爷子，他抄写的时候讨厌别人打扰，养老院的工作人员影响了他安心抄写，他便狠狠地拿眼睛瞪他们，嘴里囔囔一些含糊不清的词儿，意思是让他们不要打扰了，他很忙。

他一直这样忙着，忙了两年。他的枕头里塞满了小纸片，实在没地方塞了，他就将他们塞在自己的被罩里。遇到工作人员清洗被罩的时候，他便将那些小纸片收起来放在自己随行的皮箱里。

因为纸片在被罩里，被子经常要收叠，晚上又要使用，他的汗气加上被罩的摩擦，很多纸条都被磨成了碎屑，但他依旧不舍得丢掉。他把纸片都收起来，一同放在皮箱里，等被罩干了，他便又将那些纸片纸屑塞回被罩里。工作人员提出帮他找一个大纸箱存放这些纸条，他连连摇头，含含糊糊地回答："不行，要贴身，否则就丢了！"

就这样，他守着那堆纸条过完了他的晚年。

临终的晚上，养老院的工作人员联系上了他的家人。第二天，他的儿子从国外赶回来，眼见自己的老父亲终老在孤寂的养老院里，儿子对自己的叔父——当时送父亲去养老院的男人大吼大叫，宣泄他的悲伤。男人有些委屈，红着眼眶：我也不想送他来，是他自己要来的，说你在国外搞研究，不能打扰……"儿子不再吭声，靠着墙壁蹲坐下去。他怎么也没有想到，父亲会为自己做出这样的决定。当初不是说好了吗？说好了他身体不好的时候就一定打电话给他的，可是……

然而，一切都成了事实。儿子和叔父一起埋葬了老人，整理遗物的时候，养老院的工作人员把老人一直书写的纸条用一个大纸箱装了，全交给儿子。他们好奇那些纸条上到底写的什么，儿子也好奇，于是当着众人的面一一打开纸条。然而，在看清纸条上那串号码的时候，儿子又一次泣不成声了。那是自己在国外的号码，父亲一直在抄写着，他一定是担心自己老年痴呆，把这串号码遗忘了。但是他一个人无论多孤单苦闷，却从来都没有拨打过那串号码。

街边的灯光 >>>>>>

在他住的房子不远处有一个破旧的庙宇，里面住的全是以乞讨、卖艺为生的盲人，有将近 40 人。当时全国刚解放不久，人们的生活都不宽裕，养家糊口都很不易，更别说有能力去接济他们了，因此他们的生活非常艰难，挨饿受冻是常有的事情。

每次一经过"瞎子庙"，他的心便隐隐作痛，想要尽自己所能，帮助这些可怜的人。但他也深知授人以鱼不如授人以渔的道理，简单的几次接济根本解决不了他们的根本生存问题，必须得给他们提供一份足以谋生的活计。

于是，他不顾外人的反对，暂时放下手头上的工作，花了近两年的时间，开始每天往返于家中与"瞎子庙"之间，把这些盲人都组织起来，并自掏腰包买了多件乐器，将其中那些会吹拉弹唱的，组成了一个乐团进行集中培训，给予合奏配合上的种种指导。忙了一天，晚上回到家里，他还要熬夜为乐团写歌，编排适合他们演奏的曲目。等这一切完成后，他又忙着联系演出单位和场所，并说服对方给予一定的演出报酬……而对于那些没有任何才艺和特长的盲人，他则通过各种关系，不惜降低身份到处求爹爹拜奶奶，最终靠着自己的"面子"和关系，把他们一个个安排进周边的橡胶厂、皮革厂、印刷厂和服装厂里。为此，他都跑烂了好几双布鞋。

好在他的努力和奔走有了成效，"瞎子庙"里几乎每个盲人都有了一份足以养活自己的工作，先后搬出了原先那个破旧的庙宇，住进街上条件更好的房子里，"瞎子庙"从此也被废弃。

这之后，每天晚上，当他下班从街上路过时，住在街上的盲人们都会不约而同地放下手中的活，点亮屋内的灯，然后站到各自的大门口前，只为跟他打个招呼，问声好，为他照亮门前的那段路，如同迎接自己的亲人归来一般。而这几乎成了那条街上一道不变的温馨风景线，一直持续到他去世的那一天，从未错过一次。盲人们都说，那是因为他们能听出他的脚步声。

他便是老舍，原名舒庆春，杰出的人民艺术家，盲人们听出的那一声声脚步声名叫"善"。

每一个善意都会有回报 >>>>>

2003 年大学毕业后，我四处撒简历寻找工作。但是，这一年 F 城的毕业生好像特别多，用人单位把要求抬得很高，薪水却给到白菜价。眼看就到了十一月，冬天的凉意越来越重，在天寒地冻的东北平原上，我一个独自在南国长大的女孩，行走在东北冰天雪地的街头，一家一家地在面试单位之间苦苦追寻着自己的出路。

这天，突然在一家小报上看到，宝康写字楼有个代理公司替一家外国企业招聘汽车销售礼仪小姐，明文标注：签订劳工合同，月薪 5000 元。我抓着报纸，不由得一阵狂喜，我就是学市场营销专业的，商业礼仪也懂一些，虽然只有大专文化程度，但我还是想去试试。

来到宝康写字楼时，才发现那里的人出奇的多，而且绝大多数是女生。电梯走到七层，大家一拥而出，楼道里等待面试的人就更多了，几乎是在这家公司门口排起三列纵队。整整等了两个多小时，才轮到我面试，但也仅仅是简单地问过几句，就让先回去等消息。临出门，一个络腮胡子，下巴有颗黑痣的面试官忽然问我，有没有带照片，我说有，就顺手递了一张过去。他冲我笑笑，示意我可以走了，看那样子，这次找工作可能有门儿。

从人群中挤出来，定了定神，准备回家。还未走到电梯口，就见电梯门霍然打开了，一个坐在轮椅上的女孩子被迫不及待的人群掀翻在地。人们视若无睹地各自走散，有许多过来到面试堆里排队，有几个不知去向。无论是经过的还是看到的全部各忙各事，却没人管在地上挣扎着无法坐回轮椅里的女孩。

看到这种情境，我发自内心的怜悯开始泛滥。快步走上前，吃力地将女孩抱回轮椅，她感激地向我道谢后，转身离开了。我不禁有些奇怪，这样一个不能自理的女子也是来面试的吗？可见薪水的诱惑有多大。

一周之内，我接到了那个代理公司的电话，他们叫我带齐证件，第二天去上班。F城的冬天，阳光居然也有这么明媚的时候，我一路开开心心地赶到宝康写字楼报到。早晨九点钟，那里已经聚集了十多个年轻美丽的女孩子，那个络腮胡子，下巴有颗黑痣的男人站到我们面前，给我们大家讲话。他说，他叫丁涛，是这家公司的总经理，叫他涛哥就好了。

涛哥说，我们是第一批被公司选中的汽车礼仪小姐，先在国内进行十五天的基本礼仪和日常用语的培训，然后再免费送大家出国学习两个月，经过考核通过的才能正式上岗，不过要大家放心，无论通过与否，学习期间5000元的月薪照发。这话让人听起来极舒服，简直是天上掉馅饼的好事，大家都说，毕业头一次找工作就赶上好领导了。按照涛哥的安排，我们开始学习基本礼仪。实在想象不到，给我们授课的竟然会是我在电梯口扶起的那个女孩子，她还有一个很好听的名字，叫吴馨儿。

我原以为，吴馨儿会因为我曾经帮助过她，而对我比别人好一些。可是不然，她在授课的时候非常挑剔，经常找我的毛病，还对着那么多人当众羞辱我，说我笨。我真的很笨吗？她说过的每一句话，我都可以照样复述出来，她的每个手势，我都能领会并演变成熟练的动作。我感觉自己明明比其他人做得都好，可是，吴馨儿总是不满意，让我独自去角落，一遍一遍地反复练习，而她却带着别的女孩子学习下面的课程。

吴馨儿分明是在针对我，19个女孩子都看在眼里了，我能不知道吗。一个好心的女孩儿悄悄给我支招，让我为吴馨儿买一点儿女生喜欢的小礼物。可她哪里知道，经过几个月的找工作，我已经弹尽粮绝，几乎连这个月吃饭的钱都不够了，还拿什么送礼，随便她怎么样吧。

结果，不出大家所料，十五天后，19个女孩子都顺利地办了临时签证出国了，只留下我一个和下一批新人从头开始再培训一次。这回，吴馨儿对我似乎比以前更加苛刻了，我想来想去大概想通一些，可能那天在众目睽睽之下，我出手扶起她，让她很是丢了一把面子，所以她才会处处与我作对吧。

这天，我由于感冒咽喉有些发炎，一整天总是忍不住地咳嗽，吴馨儿终于找到了发泄的借口。她当着大家的面给涛哥打电话，说我在她上课的时候故意咳嗽，扰乱秩序，要求涛哥立即将我开除。她的言词如此决绝，让我有些心灰意冷，真后悔当初帮助过她。

我迈着沉重的脚步正准备离开时，吴馨儿摇着轮椅赶到门口，冲我嚷着："去财务室，把你这月工资结了，就说我说的。"

工资，的确没有想到，这个冷血的女人还会记得让我领工资。按月薪5000元计算，我工作了27天，居然拿到4500元的薪水，这真是雪中送炭呀，可是把我高兴坏了。虽然，我又要继续漂泊着找工作了，但这些钱足够我在没有收入的情况下挨过寒冷而漫长的冬天。

几个多月过去了，我已经成一家小公司的文员，领一份千元左右的薪水，在暖暖的办公间里打打字，接接电话，没事了就看看报纸，午休时间还可以在休息室里看会儿电视。这天，同事们吃完饭，围坐在一起看新闻，电视上出现一张熟悉的脸的特写，络腮胡子，下巴有颗黑痣，那不是涛哥吗？他竟戴着手铐，新闻上报道，他是跨国卖淫集团的首脑，参与多宗诱骗少女出境卖淫案件，前不久，他手下一帮人伙同境外的人贩子拐卖了十几名女大学生，在交易时被抓捕……

整个新闻的播放过程中，我还看见了一个在轮椅上垂着头的女子，吴馨儿，没错，一定是她。原来，她之所以处处为难我，是为了救我，在得知我财政危机的时候，出于报恩之心，冒险多留了我一段时间，并发给了我别人永远拿不到的高薪水。

人是感情的动物，无论什么样的人，无论熟悉或者陌生，只要你对她以诚相待，她都不会无动于衷。也总有一天，甚至是以不为人知的方式回报给你。所以，不管职场，还是社会，请一定不要吝惜每次善良的机会。

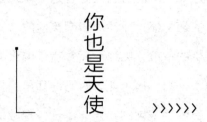

你也是天使 >>>>>>

　　她匆匆上了公交车，落座。一抬头，与对面小伙子四目相对。她愣了一下，小伙子长了一双斗鸡眼儿，眼珠黄黄的，一看人两只眼睛就对上了，表情看起来滑稽可笑，真像一只随时准备掐架的公鸡。小伙子显然注意到此刻自己正被一个貌美如花的姑娘盯着看，瞬间脸就红了，看起来好像很生气的样子。她看到了那张有些激怒的脸，慌忙憋住笑，并迅速挪转眼神儿。

　　这个看起来不超过 20 岁的小伙子，胳膊上横七竖八爬了好几道蜈蚣样的伤疤。手腕处还赫然刺着一个"忍"字。字迹青黑色，好像一把菜刀恶狠狠地斜插在白案板上。此刻，他正不停用一只手摸索另一只手的拇指，似乎在容忍着强烈的焦躁与不安。这期间，只要她稍扭动一下身子，换一下坐姿，小伙子的眼神马上就敏感地盯住她，充满狐疑与愤怒。

　　她边用余光偷偷打量小伙子，边陷入回忆中。他的表情与曾经的自己是多么相似啊！从出生，她的左耳朵就比正常的右耳朵短了半截。当她第一次懂得别人盯着她的耳朵如同怪物的时候，她心里充满了愤怒与恨，冲动地和嘲笑她的人厮打在一起。有时候她像一只复仇的小狼，胜利地舔着嘴角流出的鲜血；有时候又像一只斗败的小公鸡，痛苦地去妈妈的怀里寻找安慰。当她哭着去问母亲为什么要生下她的时候，母亲轻抚她的头说："你是神派到人间送快乐的天使。耳朵与别人不同，是因为神要在众多欢笑的人中，一眼就看到你。"

从此，她知道了她是有着特殊使命的孩子。

从此，她变得快乐起来。奇怪的是，当她为别人送去笑容的时候，再也没有人去关注她的耳朵了。

想到这里，她慢慢正过身子，坦然地盯着小伙子，阳光般地微笑。小伙子显然被她的笑容激怒了，死死按住左胳膊的右手不住地颤抖。似乎闪电之后的暴风雨就要来临。但她不慌不忙，随手轻轻地拢了一下耳边的长发。这时，一只残缺的耳朵全部露出来。耳朵虽然残缺丑陋，但耳朵边缘处，还挂着一只美丽的心形耳环，闪闪发光。

她依然对着小伙子微笑。小伙子看着她的耳朵，张大了嘴，睁圆了一双斗鸡眼儿。她调皮地用手指了指他的刺青。小伙子愣了愣，随后也咧开嘴，对着她开心地笑了。

她其实想对他说：你也是被神册封的天使！

一瞬间
的温暖

我似乎看见，

高高的脚手架上，

那些忙碌的男人侧过身来，

凝神注视着我们……

那个画面在一瞬间定格，

像电影里一个温暖的镜头，

刻进了我的记忆中。

>>>>>>

一朵黑色的花

>>>>>>

他从小就表现出极为活跃的运动能力。有一次，他恶作剧似地在父亲的帽子里塞满了狗屎，父亲发现后追打他时，发现他跑得比狗还要快。

为了他的将来，家境贫寒的父母还是将他送入了体校，但这需要花许多的钱。父亲是个生意人，每天风里来雨里去的不着家，但收入甚微，母亲为了他白天去扛麻袋，晚上坐在油灯前给富人家缝补衣服。

这一切，他似乎没有感觉到，他只是若无其事信马由缰地按照自己的思维去逃学、缺课，直至有一天，父亲站在他的面前询问他的成绩时，老师将一份极为糟糕的成绩单甩到父亲面前，父亲看后，痛苦不已，揪着他的耳朵回到家里。

他被父亲软禁在家里闭门思过，他的工作就是去叔叔的花园里侍弄鲜花，那儿缺少一个花匠。

叔叔是个很幽默的人，开玩笑说他学成回家了？他没好气地埋怨叔叔。

叔叔说道，你看看这些花五颜六色、姹紫嫣红的，可你见过有黑色的花吗？

有呀，他不假思索地回答着：墨菊呀，我见过的，它是黑色的花。

你错了，孩子，它并不是黑色的花，应该属于深紫色，说着，叔叔将他领到墨菊前面，他弯下身去，仔细地端详后，恍然大悟。

叔叔，为什么这世上没有黑色的花呢？难道是不好看吗？他歪着小脑袋问叔叔。

这是长期适者生存的规律。花儿也是一种有灵性的生物，黑色容易吸收太阳光，而过多的太阳光会将花蕊晒伤，为了防止自己被晒伤，时间久后，它们逐渐淘汰了黑色的花素，转变成了其他颜色，就是这些，孩子。

他似乎有所感悟，低着头不吭声。

叔叔转移了话题：孩子，世上本无黑色的花，世上也没有绝对黑色的人生，所有的困难、黑暗都是相对的，拨开了黑云，你就会发现阳光，战胜了困难，你就可以取得成功的绿宝石。人也必须学会适应自然、社会和生命，等到你的奋斗到达理性状态后，你就会发现，黑暗早已经远远地躲开了你，你收获的都是色彩缤纷的花，就像那些花儿，抛弃了黑暗，坚强地绽放着。

　　这个叫博尔特的孩子哭泣着离开了叔叔的花园，他找到了父亲，给父亲立了一份契约，如果不成功，决不返回家园。

　　天道酬勤。博尔特所取得的成功是空前的，绝无仅有的，2008 年北京奥运会上，他连续创造男子 100 米和 200 米的世界纪录，2009 年，他更是以提高 0.11 秒相同的成绩打破了男子 100 米和 200 米的世界纪录，成为史上第一人。

　　世上本无黑色的花，世上也无绝对黑暗的人生。

父亲的爱"小偷"

>>>>>>

从我记事起，父亲就是个跛脚。村里人都叫他"瘸子"。

和大多数农民一样，面朝黄土背朝天的父亲平凡而朴素，满是皱纹的脸泛出一种铜版纸的光泽。深深的眼窝子里，一双眼睛浑浊却又锋利。不同的是，佝偻的身影像极了秋天被霜打蔫的老茄子，走起路来一顿一挫。

父亲寡言少语很少笑。亦如他从不跟人辩解争胜。可母亲总说，父亲年轻的时候很爱笑，是十里八村最能说会道的人。我始终无法想象母亲口中这样的父亲。小时候的我更是不相信，总是对母亲吐着舌头扮个鬼脸跑开了。

只有当我好奇地问他，你的腿是怎么瘸的。父亲才会像做错事一样，尴尬地笑一下，含含糊糊回答我一句，秋收的时候上房顶晒粮食摔的。母亲说，父亲腿瘸之后就很少笑过。

懵懂的我于是第一次深深体会到父亲持家的艰苦和不易。不富裕的家境也造就了我吃苦不屈、争强好胜的性格。父亲的跛脚成了我学习的最大动力。每个学期我领回家一张张奖状时，父亲那嘴角抽搐着的似笑非笑便成了我儿时印象最深的记忆。

直到后来，我顺利升到了镇上的重点初中，成了一名住校生。在填写住宿登记表"父亲的名字"一栏时，负责学校治安的老民警看了我一眼，说了一句，这不是当年偷牛的瘸子家的闺女么，都这么大了。

我二话没说，直接跑回家，冲着正在一瘸一拐晾苞米的父亲吼道："你是不是个小偷？你是个骗子！你是因为偷镇上畜牧场的牛才摔瘸的。"父亲依旧沉默着，只是眼角的湿润里添了一丝无奈。倒是母亲，试图向我解释点什么，发飙的我大哭着夺门而出。

从此以后，小偷的女儿，这个称呼伴随了我整个初中生活。没有人愿意做我的朋友，也没有人愿意和我一起玩耍，孤僻的我时常形单影只地走在校园里，默默接受周围冷漠的目光，心里慢慢地积累着对父亲的不满，甚至仇恨。

父亲的小偷身份，让我倍感耻辱；父亲对我的隐瞒，又加深了我的愤怒。于是家因为父亲的存在成了一个让我浑身不自在的地方。我决绝地拒绝了母亲的一切解释，找各种理由放假不回家。

虽然父亲还是像以前一样攒下每一分钱供我花销，一样托母亲带给很多营养品，可这依然解不开我压抑的心结。

慢慢地，我和父亲之间习惯了这种沉默的相处方式。每年仅有的几次回家，我们父女之间的对话也只限一句"你回来了""嗯"。直到上了大学、毕业、工作、结婚，我的内心里依然原谅不了他，原谅不了他是个偷牛的小偷。我固执地认为，恶是必有恶报的，父亲的跛脚是上天对他的罪恶应有的惩罚。

后来，经历过了分娩之痛，我也有了自己的女儿。迈出了为人父母的第一步，才初尝到父母的含辛茹苦。在孩子满月的时候，老家的父亲一瘸一拐地带着母亲从乡下赶来，带来一大堆家乡的核桃、红枣。虽然对父亲曾是小偷这件事依然怀着一层阴影，但看到父亲那渐渐多起来的白发和那提着东西、满是老茧的双手，我不免有些心疼了起来。父亲老了。

临到吃饭的时候，父亲依旧拘束着搓着手，沉默着。满屋子都是厨房里的母亲千叮咛万嘱咐的声音和锅碗瓢盆的碰撞声。

母亲兴高采烈地讲起怎么把我养育长大的老皇历，告诉我要好好养好身子，孩子喝母乳长大最健康之类的经验。我突然想起，母亲曾告诉我，我很小的时候她没有奶水，我是喝牛奶长大的。于是便诧异地问母亲，那个时候哪来的牛奶喂我啊？母亲突然一下子沉默了，看了一眼客厅里的父亲。像卸下一个沉重的包袱一样，说道："你父亲的腿啊，就是因为这个。"我顿时懵住了。母亲叹了一口气，接着说："那时苦呀，没有奶水，也没钱买奶粉，小米糊喂得你的小脸儿枯黄枯黄的。你爸实在不忍心，便每天夜里去你初中学校旁的镇养殖场偷牛奶给你喝。有天夜里被人发现了，跑的时候从墙头跳下来摔坏了腿啊。你爸不是偷牛，是偷奶喂你啊！"

我的心咯噔一下，多年来积压的怨恨像洪水般肆意泛滥，无处安放。那个一直淤积的心结顷刻之间化开，却又让我无所适从。我才明白我固执了整个青春的自卑和耻辱，竟然是一件伤害了父亲的傻事。

转身看到父亲依然憨厚地坐在客厅，眼眶里的泪花还是忍不住地掉了下来。

他爱得深沉而厚重，仅仅是为了孩子嘴里的一口饭，他竟付出得如此无怨无悔。

我的父亲是个"小偷"，但他的爱，永远不卑不亢。

小亮的羊 >>>>>>

秋后山区的深夜，干冷干冷的。抬头看不见星星，低头看不见自己的脚面，山是黑的，树是黑的，蜿蜒起伏的山路是黑的。一辆机动三轮车刺眼的车灯如一道流星从山间公路划过，很快又被身后的夜色愈合。

车上坐着两个人，大黑和小亮。

小亮坐在副驾驶上双手使劲抱着蜷缩的身体，即便把身体蜷缩起来，寒冷还是无孔不入的。出来前他就曾劝他："这么冷、这么黑，大，咱可别去了！"

大黑兴冲冲开着自己的车，心想：都说初生牛犊不怕虎，这小子，他怎么就不随我呢？黑怕什么？冷怕什么？这样才更安全，不容易被人发现。

小亮还小，他还不敢不听他大的，因为他还得吃着他的、喝着他的。他才 15 岁啊，到了明年春天，他就可以走出山区去他向往的城市打工了，到那时候他远离了这个家，就不用被他大牵着鼻子走了，他就可以不随父亲干这偷鸡摸狗的勾当了。

大黑抑制不住自己的兴奋：嘿，从今以后自己就不用和别人搭伙了，这样不光安全可靠，成果也全归自己所有了。至于小亮嘛，一回生两回熟，历练历练，以后胆子自然也就大了。心里想着这些，在这通畅的马路上，车也就随他的心一起越跑越快了。

有了车再长的路也显得短，原来要走上半天的路还不到一个钟头就到了。

大黑选好僻静的地方把三轮车停好，他嘱咐小亮："儿子，你的活儿挺简单，一会儿等我把那家的石头墙掏好窟窿，你只负责把那六只羊赶出来就行了！"

小亮蹲在父亲的身边，他静静地听着父亲掏墙的声音——这声音很轻，此刻，也只有他自己能够听得见。尽管这声音很轻，可那一块块石头的沉重还是把小亮的心敲得有些疼。六只羊啊，到清早主人来喂羊的时候，看不到自己一天天喂起来的六只羊，还不心疼死啊！他小时候，他家养的羊被卖了或者被杀了，他都急得大哭的。不干了！他轻轻拉了下大黑："大，我们回家吧！"

石头是沉重的，可大黑扒开石头的动作却是很轻的，轻车熟路了，他的心里也感觉越来越轻快，他每扒开一块石头，那六只好肥羊就靠他近了一步。

"傻小子，你怕啥？这种鬼天气，谁也发现不了咱们的！"

大黑用只有小亮能听到的声音说着。

"好了！进去吧。"

大黑用手护住小亮的头、小亮的后背、小亮的屁股，把小亮推进去，最后轻轻拍拍小亮的屁股。

其实他根本不用那么仔细护住儿子的身体，为了让每只羊能够顺利钻出来，他掏的这个洞已足够大，爬着进去的小亮是没有那些站着走出来的羊高的。

一股冷风也顺着小亮的屁股跟进来。他很快摸到了那六只羊，因为冷，它们都紧紧地挤在一起。

小亮轻轻摸着一只羊的头、羊的后背、羊的屁股，就像他大摸自己一样。他也和这些羊们一起挤成一堆，挤在墙角，羊们温暖着他。他几乎忘了自己是来偷羊的，他，似乎也成了其中的一员。

他不忍心，一点儿也不忍心下手。

"找到了吧？快点啊！"他大的声音顺着这个窟窿像一股冷风一样钻进来。

这么温暖的羊群，很快就会变成他大斧头下的冤死鬼，太残忍、太残酷了。就这一次，就这一次吧，要是下次，就是他大打死他，他也不来了！

小亮开始一只一只向外赶羊，他知道，每只羊被赶出去的时候，还来不及叫一声，就会被他大的斧头照准羊头用力一斧，奔赴黄泉了。

他抚摸着每一只羊的头、背、屁股，甚至尾巴。每一只羊离开他的时候，也把贴近他身体的那份温暖一起带走了。

一只，两只，三只，四只，五只，已经到了最后一只。小亮刚刚一摸到墙角，没有了依靠的第六只羊主动把身体靠向小亮。

小亮心软了：你这只羊什么都不懂啊，唉……你肯定还是一只和我一样年轻的羊啊，如果你知道是我祸害了你的伙伴们，你还不得用你的角顶死我啊！

小亮紧紧抱着第六只羊的脖子，半蹲着，他的另一只手几乎摸遍了羊的全身，这只羊用头轻轻摩擦着小亮稚嫩的脸，痒痒的、暖暖的，小亮的泪水顺着他们这两张脸的夹缝流下。

"快点啊，还没摸着啊？"大黑在细声唤小亮。

"没有啊，大，你等我再找一会儿——"

小亮骗了父亲。

他准备爬出去，他想告诉父亲，怎么找也找不到第六只羊了——他这样想着就开始慢慢向外面爬。

他爬出洞口，正准备抬起头和父亲讲话时，父亲的斧头迎头向他砸来。

小亮也像那五只羊一样，还没来得及叫一声，甚至还没来得及抬起他的头，就一头扑倒在地上。

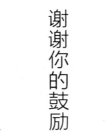

谢谢你的鼓励 >>>>>>

前几天，我参加了一个聚会，见到了好多同学，脱下当年稚气的同学们变化都很大，但最让我牵挂和特别想见的是小郑。

五年前，我和小郑共同走进"村官"的队伍，开始时，我们服务的地方相隔 20 分钟的车程，因为共同的"事业"我们经常聚在一起，晚上，像兄弟一样睡在一张床上聊到很晚。谈理想、谈事业、谈天说地，憧憬着美好的未来……

当我和小郑怀揣着"干一番事业"的澎湃激情时，赶上了机构改革，我服务的地方被合并到了小郑服务的区域，那里离我家近，交通又方便，更重要的是我可以和小郑一起工作了，我心里别提有多高兴。

可来到这个新的集体里，我却高兴不起来了，因为我受到了比我们早来几年的"前辈"们的"指点"，我开始被迷茫包裹，曾经美好的憧憬、希望，被"前辈们"说得一文不值，有的甚至成为了"白日梦"。那一段时间，我找不到归宿感，一下子没有了目标。人也从一个爱笑、活泼、积极向上的"有志青年"，变成了寡言、沉默的"蔫葫芦"。而此时的小郑是我最好的"解药"，也许在我加入这个团体之前，他已经和很多"打击者"经过磨合，所以每每他都用积极向上、充满活力、振奋人心的言语给我鼓励，让我在最低落的日子感受到还有希望的阳光。

人常说："爱笑的孩子有糖吃"，对我而言是："爱笑的孩子运气好"，鼓起勇气的我依旧怀着初心，奔走在乡间小路、田间地头，继续访家串户；面对着大爷大妈、邻里乡亲……把信息上传下达、复杂的资料在键盘上翻飞；同时我的热情、激情也得到了收获，村民们认可我，让我尝到了付出结的满足的成果。

很快，两年过去了，我换到了新的服务地方。从此，离开了小郑，虽然他仍在我的心里。

然而，这次相遇，我却找不到原来那个小郑了，他不再健谈、也不会开怀大笑，取而代之的是寡言、沉稳、缺少锐气。饭后我们在江边坐了下来，江面极其安静，岸边没有喧嚣的汽笛声，突然我想起一句话："岁月静好，时光不老可好？"，正想开口问他的近况，他先开口了："近来好长一段时间感觉迷茫，不知道能否这样继续下去，想辞职不干了。"我指着不远处的母校，说：一起去打场羽毛球吧，很快我就把话题转向了运动方面。

来到母校，正好有学生在训练，还有曾经的体育老师，叙旧之后，我开始和小郑你来我去地进行"厮杀"，以前我们一起打球时非常默契，但是此时的我们却显得格外不得劲。我明白，如果今天不打开他的心结，再怎么转移话题都不会有效果，对于一个心事重重的人来说，把心结打开才是最重要的。

看到学校的小卖部，我灵机一动，跑过去买来一打啤酒，告诉小郑，今天赌球赢酒。不知道此时他是因为想多喝酒？还是因为有了赢我的勇气？有了目标后，他犹如一头雄狮，接下来的表现，超乎意料，几个回合下来，我先体力不支了，中途还换过几组人，而他却没有丝毫退场的意思。后来，酒理所当然归他了，我们背靠背坐在地上，他打开啤酒，递给我，就这样，一打啤酒，很快下肚。

回去的路上，我问他是否还记得曾经在我迷茫、低落的时刻他给过我的鼓励和希望，他的回答出乎我的意料而又在我的期望之中："谢谢你今天还给我的鼓励，我一定会继续努力的！"

我知道小郑的这句话里包含了多少辛酸、多少无奈，而又要经历多少个日月？我也不知道小郑以后会走什么样的路，我只能送给他美好的祝愿和祈祷，愿他在接下来的每一天里都生活在充满希望的阳光中！

我将在什么时候死去

>>>>>>

卡尼尔和弗拉茨是美国一所小学的老师，她们和南非一个贫困小镇的一所小学建立了友谊帮带关系。

有一次，卡尼尔和弗拉茨一起，带着几位美国学生来到了那所南非的学校。卡尼尔和弗拉茨决定带南非的孩子们去山上探索自然奥秘。正当他们来到半山腰的时候，意外发生了：弗拉茨因为想拉一位南非黑人少年，结果自己失去了平衡，摔到一条足有两米深的山沟里，血流不止。

医生发现她失血过多要输血，遗憾的是弗拉茨的血型并不多见，卡尼尔和那些美国学生没有一个和她的血型相匹配。这时，卡尼尔注意到了那位始终默默站在一边的黑人少年，弗拉茨正是因为想拉他才摔下山沟的。卡尼尔走过去对他说："试试你的血吧！"

那位黑人少年的血型与弗拉茨完全吻合！然而在医生想要拉过他的手臂抽血时，他把手一缩，怯怯地问："你们是要抽我的血吗？"

"是的！因为只有你的血才能救弗拉茨老师！"医生告诉他说。

"我想考虑一下！"黑人少年轻声说着，把头低了下去。

卡尼尔看着那位黑人少年，在心里近乎愤怒地嘀咕："弗拉茨老师是因为帮你才摔下山沟去的，你为她输点血也表示犹豫？"

那位黑人少年低着头考虑了足有半分钟，然后他慢慢地抬起头来，让所有人没有想到的是，他的眼眶里竟然噙满了泪水。他咬了咬嘴唇，把目光投向了卡尼尔说："我同意输血，但是我想提一个请求！"

"输血救人还要讲条件？这简直太让人愤怒了！"卡尼尔心里想着。"我只希望你们以后能常来我们的学校！""这还用说吗！我们当然会这样做！"卡尼尔说。黑人少年似乎得到了一个满意的答复，他把手伸向了医生，那一刻，两颗泪珠从他的眼里流了出来。

几分钟后，那位黑人少年抽完血后被医生安排坐在长椅上休息。他轻轻地问卡尼尔："我想知道，我将在什么时候死去？"

"死？你并不会死去啊！你只是输出一点血，需要休息一下而已！"卡尼尔和医生几乎同时回答他说。

那一刻，包括卡尼尔和医生在内的所有人都突然明白：他在

输血前的犹豫，并不是在考虑要不要输血给弗拉茨老师，而是在
考虑要不要为弗拉茨老师献出生命。更加让人无法想象的是，他
做出那个在他看来是要献出生命的决定时，只用了半分钟！

王永的顺风车

>>>>>>

北京的王永上下班载人搭顺风车已成为他生活的一种习惯，他为此遭遇了种种尴尬，质疑、冷眼、甚至危险，但他13年来风雨无阻，无怨无悔。

王永生长在湖南邵阳农村，培养了乐善好施的习惯。后来到了北京打工，干得不错，1998年便买了一辆"大奔"。他观察路上的车，发现70%都是私家车，其中70%车里只有一个人，他感觉到这实在太浪费。他家住北京北五环外某个大型社区，经常一个人开车上下班，他觉得有"罪恶感"。如果能带上个把人，既可为别人节约钱，省时间，也是为社会节约能源，提供方便嘛。

开始时，他在小区门口问人家"你们去哪？"曾频繁引来白眼，后来一琢磨将词改成了"我要去马甸、双安一带，谁需要免费搭一段？"慢慢地，搭王永车的人多了起来。

1998年一个晚上10点多，他回家的时候，突然下起了暴雨，他看到一位孤单的老太太走在路边。前面的车开得特别快，溅了老太太一身泥水。他把车停了下来，一了解，才知老太太迷路了。他当即决定送老人回家，后来老太太的子女竟把他当成救命恩人，谢了又谢。

此后，他每天早晨到回龙观 344 路公交车站，摇下车窗，冲着十几米长的队伍，大声地招呼等公车的人："谁要去马甸、双安？搭车，不要钱！"一些人带着疑惑或好奇的眼光看着他，很是不理解。有人认为他不正常，有人说他想泡妞。他曾经被一个女孩的男友泼了一杯水，还被扔过馒头。在经历了种种白眼、冷漠回应后，他依然坚持着。

但更多时候他也收获了感谢的话语，真挚的笑容。他搭过想回老家的"北漂"女，四处求职的大学生，受了重伤拦不到车的母子，甚至有两位乘客在他车上相识，后来结为夫妻。除了捎人一程，他也会鼓励偶尔遇到的失意者。告诉对方自己当年也是 300 元起家，住过地下室三层，房顶滴水像水帘洞一样，现在也挺过来了。两年后王永接到对方的电话，说他已找到了工作，还结了婚，买了房子，谢谢他当年的劝慰。

当然，让陌生人搭车也会有危险。一天夜里 10 点多钟，王永搭了一个小伙子。一路上，王永和这个年轻人聊开了，讲自己在北京创业的艰难，和开免费顺风车的想法。突然小伙子问他："你就不怕碰见坏人吗？"王永笑道："不怕，要是真遇上了，我就再也不开顺风车了。"小伙子下车时突然说了一句，"不是所有人都是好人，以后要当心。"王永一扭头，看见小伙子腰间别着一把一尺多长的刀，顿时倒吸了一口凉气。但王永转念一想："也许他从此被我感化，相信世上还有好人，就再也不会做坏事了。"

王永开顺风车，一坚持就是 13 年，搭载乘客超过 10000 人。如今他的车可能是世界上载客人数最多的奔驰车了。他为此收到了很多感谢短信和电话，其中一个小伙子说："谢谢王永先生与人方便的爱心行动，您的行为感动了我。您给我上了很有意义的一堂课，我会牢记这次经历和您的一番言谈，好人一生平安！"

他最开心的事情是，在路上遇到一个人，摇下窗子喊他："王永！我原来搭过你车，现在我有车了，也开始搭别人啦！"最让王永欣慰的是，现在有越来越多的人认同他的理念：热心、环保、心存善念。

选择自杀的鸟

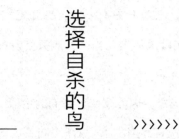

　　加拿大魁北克省的最东端，有一处断崖，断崖临海，这里人迹罕至，是经济相对落后的区域。但在这处断崖边上，却每年都会发生一些奇怪的现象，成群的鸟儿选择了轻生，它们集体撞击到断崖的岩石上结束自己的生命。

　　年轻的罗斯毕业后郁郁寡欢，他无依无靠，父母早已不在人世，因此，他选择了逃避现实，独自一人来到了断崖边。他每天坐在断崖边上看海，看海涛愤怒地将满腔怒火泼洒在岩石身上。

　　偶尔的一次醉酒后，他发现了这种奇怪的现象，他利用自己生物学的知识认真进行了分析，这使得他对此种现象产生了浓厚的兴趣。他查阅资料后发现，世上有一类鸟，它们不易适应环境的改变，噪声和污染使得它们对生活失去了兴趣，从而选择了自尽。

　　他想改变它们的习性，于是对自己提出了更高的要求。

　　他试着逮住了一只小鸟，给它"解释"活着的意义，他还现身说法地告诉鸟儿，自己如何了得，如何想自杀却劝告自己活了下来。他在驯服小鸟七天七夜后，鸟儿重新回到了蓝天。遗憾的是，三天后，在自杀的鸟儿当中，他重新发现了它，它被放走时，他在它的脚上拴了一根红线。

罗斯愤怒至极，环境改变了它们的生活，可周围全是荒草和乱石，没有污染，没有噪声。他沿着断崖向北徒步走了十几公里，终于，他发现了秘密所在：那个地方正是鸟儿栖息地，旁边却建起了许多工厂，工厂内的机器隆隆响，噪声十分吓人，周围的鸟儿成群结队地四散奔逃，它们试图改变这种现状，却无能为力，只好选择了死亡。

罗斯闯到工厂，坐到了领导的办公室里，他将自杀的鸟儿放到他的办公桌上，请领导给予解释。那位领导正襟危坐着只是狞笑，然后将一记耳光送给了情绪失控的罗斯。

罗斯又找到当地政府，陈述了自己的观点，政府官员笑着说道：让鸟儿改变它们的生活方式，它们不能够阻碍经济发展。

这句话提醒了罗斯，回去后，罗斯准备了一大张毯子，将毯子铺到断崖的岩石上，结果竟然起到了很好的缓冲作用，许多鸟儿一次撞击没有自杀成功后，选择了退缩，时间久了，自杀的鸟儿明显减少了许多。

罗斯喜出望外，他想，既然是噪声改变了它们的生活，如果我能给它们带来节奏感温软的音乐，也许，它们会安静下来。

罗斯每天给鸟儿吹笛子，音乐悠扬耐听，许多小鸟停顿下来，落在周围的草地上，还有些大胆的鸟儿试图落到罗斯的肩膀上，罗斯选择了接纳，他和鸟儿成了好朋友。

两年时间，罗斯改变了这里的生态规律，自杀的鸟儿几乎为零，罗斯想着自己可以写一本书，来讲述关于鸟儿自杀的故事。

时间到了 2008 年，一位看破红尘的女士来到了断崖边，她心爱的丈夫在一次车祸中永远地离开了她，她想选择死亡，到天国去寻找她的最爱。

罗斯看到了她，不说话，现场寂静且柔软。

他只是不停地吹笛子，一杯香茶放在女士面前，女士回头时，看到了无数只鸟儿，它们伴随着彩云在天上飞，好美的场景呀。

女士一直倾听着，他们对视了好长时间后，她将手递了过来，罗斯牵了她的手。

2009 年春天，一个叫罗斯的小伙子和他的爱人出了一本书，书的名字叫做《如果一只鸟选择了轻生》，他们在书中讲述了自杀鸟的故事，并且讲述了他们美丽的相遇和爱情故事，在文章的最后，他们这样写道：

如果一只鸟选择了轻生，我们的双手虽然无力，却可以为它铺上柔软的草坪；

如果一个可爱的人选择了轻生，我们的爱虽然脆弱不堪，却可以为他（她）打开心扉，奏响一曲喜乐直通黎明。

一瞬间的温暖　>>>>>>

当初姐姐与姐夫恋爱时，母亲坚决不同意，说他没有文化也就罢了，连个正经手艺也没有，整天跟着人出去盖房子、打零工。那时我在省城读大学，见识过城市繁华的母亲，一心盼着姐姐能嫁个城里人。我帮姐姐说话，说建筑工也不是谁都能干的。母亲没吱声，半天才吐出一句：什么建筑工，在城里人看来，不过就是个民工罢了。

很长一段时间，家里人不再讨论这门婚事。后来，姐夫买了大包的东西，骑着摩托车飞奔到我们家。为了礼节，父母勉强留他在家吃饭。我以为他会慷慨激昂地发表一番演讲，可直到饭吃了一半，他也没扯到正题上去。最后，一家人面面相觑，不知这饭该如何收场。这时，姐夫将一整杯酒一饮而下，涨红着脸说：爹，娘，我保证，不管我这辈子吃多少苦，都不会让小潭受一点委屈。

就这一句话，让姐姐下定了决心，嫁给姐夫。而父母也闪身放了行。

姐姐结婚后很快便生了孩子。那一年，姐夫没有出去打工，一心一意守在家里，地里不忙的时候就找些散活干。等孩子长到一岁多，可以省些力气的时候，姐夫开始跟着外乡的包工头到省城去干建筑。虽然同在省城，我和姐夫却从没见过面。

我只顾着读书，为毕业后能留在这个城市里而努力着。这样的努力，最终让我成功留在了这座城市，成为一名报社记者。

听姐姐说，姐夫知道我当了记者，兴奋得一宿没睡好，第二天便找到报社，要跟我见一面。可惜他只知道我的小名，我毕业的学校他也记不清楚，最后门卫当他是个骗子，把他赶走了。不知道姐夫有没有为此抱怨过什么，但他从此都没再找过我，也不在工友们面前提起我这个可以为他们打抱不平的记者。

我忙着让自己的生活更好一点，无暇去关注姐夫的生活。甚至有一次，他们的工地就在离我们报社几百米远的地方，我却没能去看望他一次。只是偶然从母亲口中得知，在那里，他的脚被从天而降的水泥包砸伤了，舍不得在省城住院，被老乡接回家去休养。又因为拖着不去治疗，只在家里进行简单的包扎换药，差一点感染……

听这些的时候，我感觉就像在听别人的故事，报纸上常报道一些关于民工的事故，我习以为常。而姐夫，他也当这是命运给予自己的一切，早就习惯了吧，因为，当我打电话给他表示慰问时，他只是憨厚地笑笑，说，没啥，干这个，磕磕碰碰是常有的事。

很多时候，他也真的将这些当成了生活的常态。我们偶尔相聚，他讲起工头无理克扣工资，工友发着高烧爬脚手架，逛超市时被服务员贼一样盯着……所有这些，他像讲家长里短一样，语气淡然。

今年，姐姐的女儿已经 4 岁了，还没见过高楼大厦。我领她去城里玩儿，指着不远处一栋正在修建的大楼告诉她，这就是高楼。小家伙突然停住脚步，仰头看着上面来来往往的工人，问道："小姨，那上面有爸爸吗？"

我抬起头，看着脚手架上顶着烈日迎风干活的农民工，他们正在为一座拔地而起的大厦紧张工作着，但他们从始至终都没有时间像大厦广告横幅上的宣传语那样，有"君临天下的豪迈"。甚至，他们连低头看一眼地上行人的时间都没有。

当外甥女又摇摇我的胳膊，问一句，爸爸在上面吗？我将她抱起来，说"小雨怎么知道爸爸会在上面工作呢？"她听了，即刻开心起来，拍手道："妈妈说爸爸是盖大楼的英雄呢。小姨，我可以喊一声爸爸吗？"我一怔，随即吻吻她的小脸蛋，柔声说："当然可以，虽然你看不见爸爸，但是爸爸能听到小雨的呼唤呢……"

这个秋日的午后，我抱着小雨，站在一处机器轰鸣的大楼前，听她一遍一遍仰着头喊"爸爸"。我似乎看见，高高的脚手架上，那些忙碌的男人侧过身来，凝神注视着我们……那个画面在一瞬间定格，像电影里一个温暖的镜头，刻进了我的记忆中。

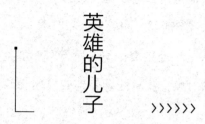

英雄的儿子

班上新来了一个同学，叫梁子。班主任说他是英雄的儿子。父亲原来是一个普通的市民，在一次与歹徒的搏斗中失去了生命。

我所在的是所重点中学，要迈进我们学校的大门，必须具备优异的成绩。听说他的学习成绩一般，我想他能够进我们学校，是因为他的父亲。

班主任安排他跟我同桌。能够跟英雄的儿子同桌，对于我来说，是一种无比的荣耀。因为在我心目中，英雄的儿子至少也是个小英雄。

他长得五大三粗，同是 15 岁，却比我们高出整整一个头；他下巴上的胡须黑且浓密；他勾起手一用劲，手臂上的二肱肌突起老高。他在校运动会上拿了好几个单项第一，体育老师让他当了我们班的体育委员，新学期伊始，班主任又任命他当班长。

英雄的儿子自然也应该是个英雄，这些荣誉都是他应得的。我和他是寄宿生，天天泡在一起，大家都说我俩是形影不离的好哥们儿。

其实我跟他走这么近是有预谋的。我的目的是也要跟他一样，成为一个英雄。俗话说，"近朱者赤"嘛。

经常有人远远地指着他说，快看，那是英雄的儿子！所以跟他走在一起的时候，我总能感受到四处朝我们投来的一道道紫拜的目光。

但有人却没把他当成英雄，是学校里的几个小混混。他们借一次我跟栗子没在一起的时机，把我挡在校园里的一个角落，一个个乜斜着眼睛看着我。领头的一个说看我不爽，要借50块钱给他们花花。我说我身上只有5块。他不信，搜了我的身，结果只搜出四块八。他说余下来的要我两天后给他。

我知道唯一能帮我的只有梁子。我向梁子求助。梁子嗫嚅地说，要不报告老师吧。我说绝对不行，要是被那群浑蛋知道了，非整死我不可。最后，梁子答应我跟他们好好谈谈。

谈话的地点在学校的小树林里。那群混混抱着双臂在我们对面一字儿排开。有梁子在，我底气挺足。但奇怪的是，梁子的底气却显得有点儿不足。他用一种很柔弱的声音对那群人说能不能放过我。那语气，近乎哀求，一点儿也不英雄。

领头的那人说凭什么？梁子没回话。我站在梁子身后低声说，凭他是个英雄……那人没听清，说，什么？我壮了壮声势说，凭他是英雄的儿子！

那人听清了，冷笑几下，将目光对准梁子说，英雄的儿子算个鸟！老子打遍大街小巷无敌手，是不是英雄，先问问我手里的刀！

那人不知从哪里掏出来一柄匕首，闪着冷飕飕的光。我打了一个冷战，忍不住抓紧梁子的手臂。我竟然感觉梁子在发抖！他先是轻微地抖动，接着突然抱头蹲在地上，肩头急剧地颤动。我被他的样子吓呆了。那群人显然也没料到梁子会有如此大的反应，一时间回不过神来。

更让我惊讶的还在后头。梁子突然从地上站了起来，哭叫着往树林外跑去，尖叫声在校园里回荡，像极了一个疯子。只留下我和那群混混伫立在原地，呆若木鸡，我愣怔了一会儿，也向着梁子的方向跑去。

追到栗子时，他已经躺在了宿舍的床上，用被子将自己包了个严严实实。起来后，他像什么事也没发生过一样跟我去上课。

直到一个周末，梁子对我说，他很怕各种各样的刀。他的父亲就是被那样的刀捅死的。当时他也在场，看见鲜血从父亲的肚子里涌出来，像蛇一样蜿蜒……他不仅怕刀，还怕经过父亲出事时的那条街道，怕家里与父亲有关的任何物件。所以他的母亲才给他换了一个环境，让他到这里来读书。他说他不是英雄，是个懦夫。

我抱紧他，像抱紧一个受伤的孩子。我说，你是英雄，是我心目中的英雄。

友情是盆海棠

>>>>>>

推开窗，天刚微亮，一轮红日从远山中冉冉升起。宿舍楼下的花圃里花儿开了，散发出若有若无的香气，像我隐秘而青涩的心事。

来这所中学已有半年多了，每天清晨我习惯推窗远眺，山的后面是我思念的家园。虽然隔几个月能回家一趟，但对第一次离家住校的我来说，想家的滋味还是很难受的。

不过很庆幸，在这里我认识了蓝冰。她坐在我的前排，皮肤细白如瓷，一双乌黑的大眼睛显得水灵、俏皮。她是一个爱说爱笑的女孩，空闲时常跟我攀谈，渐渐地冲淡了我对家的思念。

蓝冰的家离学校不远，有一个周末，她邀请我到家里去玩。蓝冰妈妈做了很多小菜，盛在精致的瓷盘里。吃饭的时候，蓝冰不停地往我碗里夹菜，边夹还边说："我妈妈做的菜很香，你要多吃点啊。"

第一次受到这么隆重的招待，我心里顿时涌起一股暖流。临走时，蓝冰跑到院里搬来一盆花，说："这是我最喜欢的海棠，又叫解语花，现在把它送给你吧。"

那盆海棠被我摆在窗台上，碧绿的叶片鲜嫩欲滴。也正是从那以后，我们的友谊突飞猛进，只要一有时间就凑在一起，说着总也说不完的话。

那是一个微风徐徐的傍晚，我们背靠背地坐在草地上，聊起了各自的心事。

我的家境并不宽裕，为了供我上学，母亲到附近山上砸石子。她的手上结满厚厚的茧子，原本清瘦的脸庞显得苍老憔悴。我深知母亲挣钱不容易，因此平时总是很节俭，去食堂只买最便宜的菜。

她静静地听着，随后也向我道出心底的秘密。前些日子，她的目光被一个身影吸引，他是阳光帅气的班长。她将满腹心事涂写在纸页上，让相思在轻舞的诗行中葱茏，妈妈看到后与她进行了一番长谈，她终于将那份淡淡的情怀放下。

那天我们聊了很久，直到夜空中升起繁星点点，才依依不舍地离开了。

不久后的一天，班上有位学生患了重病，同学们想筹钱去看望他。我翻遍钱夹掏出 10 元钱，交给负责收款的班长，他笑着摇了摇头，"听蓝冰说你家里很穷，就别参与了。"

我愣了一下，随即红着脸跑开了。妈妈曾说过能给予就不贫穷，他偏要给我贴上"贫穷"的标签，最可气的是传话的竟是蓝冰。

正当我为此懊恼的时候，又爆出一桩"新闻"。班上外号"小喇叭"的男生，把蓝冰的诗抄到后面的黑板上，还在题目下加了句——致班长。几个男生吹着口哨起哄，蓝冰气得脸色苍白。

放学铃响了，同学们纷纷散去，我起身正要离开，被蓝冰喊住，"你给我解释一下，怎么会这样呢？"我脸色微变，嘴上却不甘示弱，"先问问你自己，是谁把我的情况告诉班长的？"

或许是我的声音有些大了，她气呼呼地说："看你那凶样子！"

什么？她居然说我"熊样子"？要知道在当地方言里，这是句带有轻侮的话。我冷冷地看了她一眼，然后转身离开，只留她一个人愣在原地。

随后的几个月，我们俩谁也不搭理谁，有时目光碰到一起，也都会马上避开。窗台上的海棠，叶片变成黄褐色，看到它，我更觉得心情糟透了。

又过了一段时间，我们家要搬迁，妈妈到学校办理转学手续。同学们送来很多漂亮的明信片，并在上面写下祝福的话。我悄悄地望了望蓝冰，见她一脸静如止水的神情，心里有种说不出的失落。

再想想那天的事，尽管她的话伤了自己，可是我也有错。她跟我倾诉内心的苦痛与快乐，是为了让彼此更好地成长。然而，当"小喇叭"拿着地上捡到的纸团，神秘兮兮地来问我时，我漫不经心地抖落了她花瓣般的心事。

我心里浮起丝丝愧疚，又不好意思主动跟她说话。当我清理完书桌将要离开时，蓝冰走了过来递给我一条粉红围巾，真诚地说："这是我特意为你挑选的礼物，希望你喜欢，也请你原谅我无心的过错。"

我激动得声音都发颤了："啊……不不，应该是我向你道歉。"我们握着手相视而笑。

回到宿舍，我意外地发现海棠开花了。胭脂色的小花，一朵挨着一朵，紧紧地簇拥在一起。那一刻我恍然明白，友情是株生长缓慢的植物，要用爱心和耐心来浇灌，才能如花儿般绚丽绽放。

我托同学把海棠转交蓝冰，再后来我们经常书信往来。我记得和她在一起的日子，记得她给我的温暖，这一段难忘而美好的记忆，在我心里永远都不会抹去。

真爱不畏流俗

>>>>>

在洛杉矶学习的时候，我和同学住在城南的小区里，对面住着一户邻居叫罗法，他和他的妻子带着自己的孙子一起生活。

老罗法是一个很可爱的老头，经常在院子里哄小孙子开心，那时我们总能看到他用各种各样的搞怪扮相来哄小孙子开心，一会儿是米老鼠，一会儿是圣诞老人，活脱脱一个孙猴子。

后来有一天，我们在门口正好碰到他提包出去。他兴奋地告诉我们他要去电视台参加一个直播的电视节目，并要我们按时锁定 F 频道关注他的表现：我们高兴地答应了。

当电视节目开始的时候，我们一眼看到了老罗法，因为他居然在这个炎炎夏日里，以一身火红的圣诞老人的装束出现在了电视上，的确太引人注目了。看后，我们几乎同时笑了出来，参加一个电视节目也不必搞得如此惹眼如此滑稽可笑呀，这不是明摆着去出丑吗？我们想他真是老糊涂了！

当然他的装束很快引起了主持人的注意，于是主持人开篇就戏谑地问:"罗法先生,您今天为什么以这身'特殊'的装束出现呀?是不是很希望得到我们的礼物呀?"

全场哄笑起来。罗法也微笑一下,用一种极为平实的话语解释道:"喔,不,不,我很荣幸能参加节目,我以这身特殊的装束出现,不为别的,只是为了让电视机前的孙子能认出我来而已,因为他才3岁……"

话音落下,全场的嘉宾顿时安静下来,主持人也沉默了,报以他最热烈的掌声……

这个邻居朴实的爱让我长久地感动着,不曾消散。感动之余,它总让人想起另一个人和另一件事:

他是一个举世瞩目的足球明星,他以其天才的球技和顽强的意志为人们称道,被世界任何一个角落里的人们熟知,人们甚至毫不犹豫地称其为年轻球王。

在2002年的世界杯上,他在万众期待中出现了。在此之前,人们都期望他心中的球王能以一种王者的尊贵姿态出现在赛场。

但当他和队员真正牵手出现在绿茵场上的时候,人们崇敬的眼神顿时化成一片哗然,因为他们看到了自己崇拜的球星的光头上,居然留上了一撮浓密的黑发。那是典型的中国红孩儿的发型,这个发型看上去实在有些憨傻了,无论如何都无法与他的球王身份相匹,更与贝克汉姆那个稻草头的时尚发型差之甚远了。人们甚至怀疑他们崇拜的球王的审美和品位。但在赛后的记者招待会上，那些可爱的记者们问起他为什么剪这样一个可笑的特立独行的发型时，他也只是淡淡一笑，回答道："我只是为了让我的儿子能分辨出他的父亲而已！因为我们巴西队的光头太多了，而卡洛斯又太像我了……"

顿时，掌声雷动，经久不息，不是为他的幽默，而是为他那深沉的父爱。

他的名字您大概猜到了，他叫罗纳尔多。

同样的故事，发生在凡人与明星之间，他们都用一种出人意料甚至为人鄙笑的姿态，无比朴实地演绎着真爱。这种朴实一直感动着我，同时也让我深明着一个道理：俗世凡间，爱的姿势大多都是朴实无比的，哪怕朴实到看上去恶俗不堪，但却总能震撼着每一个人的心灵，得到最热烈的掌声。

因为真正的爱，从来都是天上的高云，悠然自得而不问浮日；是清杯水仙，平静淡然而不问凡土，更不畏流俗的。

放下懦弱的自己，
努力强大起来

>>>>>>

对自己狠一点，

逼自己努力，

你将会感谢今天发狠的自己、

恨透今天懦弱的自己。

我始终相信一句话：

只有自己足够强大，

才不会被别人践踏。

放下懦弱的自己，努力强大起来 >>>>>>

对自己狠一点，逼自己努力，再过五年你将会感谢今天发狠的自己、恨透今天懦弱的自己。我始终相信一句话：只有自己足够强大，才不会被别人践踏。

多少人独在异乡打拼，忍受着孤独，寂寞，一个人走完四季，冷暖自知，人生就是这样，耐得住寂寞，才能守得住繁华。优秀的人都有一段沉默的时光。那段时光，是付出了很多努力，忍受着孤独和寂寞，不抱怨不诉苦，日后说起时，连自己都能被感动日子。踏实一些，你想要的，岁月都会还给你！

狼行千里吃肉，马行千里吃草，活鱼逆流而上，死鱼随波逐流。有这么一句话我非常欣赏："真的很累吗？累就对了，舒服是留给死人的！苦、才是人生，累、才是工作，变、才是命运，忍、才是历练，做、才是拥有！如果，感到此时的自己很辛苦，告诉自己：容易走的都是下坡路，坚持住，因为你正在走上坡路！

一切爱情最大的敌人，不是出轨，也不是生活压力，而是想太多。有些人，一旦恋爱就会东想西想，就会胡思乱想。对方可能还不知道呢，你就已经在心里面过完了一辈子。这不是谈恋爱，而是一种自毁情绪。爱情应该是让人愉快的，想要好好爱，千万别想多。遇见不易，珍惜那些温暖、信任、依赖，且行且珍惜。

别总因为迁就别人就委屈自己，这个世界没几个人值得你总弯腰。弯腰的时间久了，只会让人习惯于你的低姿态，你的不重要。

敢于面对不完美的自己

>>>>>>

　　每天，一大早就睁开眼睛，起床听广播，做小习题，准备签证材料，公证材料，翻译材料，盖章，签字，邮寄，然后出门买菜，回来吃饭。终于在 10 号的时候，将材料都交给了使馆。然后继续每月养成一个好习惯，听录音，看美剧，看看资料，为下一个旅行做准备。

　　马德里的天气突然就从冬天变成了炎夏。热气腾腾的屋子，让我突然很难受。停下正在播放的录音，查看邮箱，看留言，听音乐。看到有人给我留言问：学姐，你觉得去西班牙读书好吗，能毕业吗？你觉得新闻专业难不难？每每这个时候，我都会回答：你可以的，只要用心，一切都会好的。是的，我们好像都希望从别人的回答中找到信心和肯定。不知道什么时候开始，所有人都在问：我能找到好工作吗？我能毕业吗？我能找到好的归宿吗？我能幸福吗？

　　然而，我真正想说的是，心甘情愿，才会简单。努力向上，日子才会变得美好。这些问题的答案都在我们自己，任何人都不能给你解答。好工作，好学历，好归宿，都需要我们自己去寻找。去做，才有实现的可能，而不仅仅是坐等结果，然后无止境的担忧，焦虑。旁观者会说，你已经毕业了，你已经拥有你想要的东西了，当然觉得简单。是的，我毕业了。可是，你们知道吗？人永远是向往更好的生活。不管什么时候。只要在过程中，每个人都会经历着一段段无助，挣扎，甚至是痛苦的时刻，然后自己爬起来，向前走。只有真的去经历，你才知道，什么是你想要的，什么是你可以努力得到的。我不是预言家，我不能知道未来的事情。

太多的事情，不是办不到而是我们在一开始就放弃了得到的可能。看着大家说：那很难，你是不可能完成的。你以为你是谁啊？那个谁都没有克服，你怎么可能？你看那谁谁现在那么厉害，你比他强多了，所以你一定要怎样怎样。是的，我们听了太多的负面信息和太多的恭维，我们害怕失败。我们害怕对不起那些支持我们，那些把我们视为珍宝的人。可是，你们有没有想过，这一切都是我们自己制造出来的。我们怕失败，我们怕被人看不起，怕别人笑话，仅此而已。可是，亲爱的你们，只有自己才有资格对自己判定是否成功。你们有实现梦想的勇敢，你们讲梦想转化为现实的行动已经是了不起的存在，任何的结果都是给自己一个交代，都是为了让自己更好的成长。

在对未来不知所措的时候，你有没有过这么一种状况？明明有很多的事情等着去完成，却怎么也打不起精神来。焦虑，紧张，恐惧覆盖着你，你告诉自己，一切都会好的。于是你想，做点其他事情分散下注意力吧。你出门逛街，打游戏，看电影，找一切娱乐消遣。可发现心还是忐忑不安的上下窜动，以至于没办法继续你的娱乐活动。回到书桌或者办公桌前，想向自己发火，却又要压抑自己的情绪。因为你从小被教育着，要沉着要冷静。亲爱的，这时候，我希望你能够随意的发泄自己的情绪，找到一个点，去宣泄去放肆。有的时候需要一个出口，让我们找到自己。

我也焦虑过，烦躁过，到今天我还是不能够很好的控制自己的脾气。会有个点，让我爆发，然后收回，继续做自己未完成的事情。我很幸运也很感激的是，有这么一个人，在我暴躁的时候，听着我的自问自答，在我纠结难过的时候陪伴我，尽管那陪伴是有距离和让我抓狂的。还有一个好妈妈，她的耐心和理解让我知道只有自己才能拯救自己。

签证已经提交。结果还在等待。尽人事，听天命。就像我说的，不论如何，敢于面对未知的未来，敢于直视不完美的自己，就是胜利。

做一个刚刚好的女子 》》》》》

很多读者猜测我一定长得倾国倾城，私下给我留言说想看看我的照片，我想大家之所以这么猜，应该是受我第一本书《豪婚》的影响，把我和里面的女主角"灵灵"等同起来了，灵灵是个太优秀的女孩，我也希望能够像她一样集天地之灵气，只是这是不可能的事，至少容貌上是不可能像的了，在我自己看来，我觉得连普通还稍微差一点点。

活到现在，有人夸过我有气质，有人夸过我有才华，唯独很少有人夸我好看。先生安慰我说：那是你的气质和才华太出众了，所以大家忽略了你的长相，在我眼里，从来没有见过像你这么好看的姑娘。

虽然他夸张了太多，但是能在自己爱的人眼里是最美的，那比真的最美更珍贵。

我问我妈我好看吗？我妈端详半天说：比上不足，比下有余，刚刚好吧！你老公觉得你好看就行了。

仔细一想，豁然开朗，长相来自父母，非自己所能决定。就算拥有天人之姿，如果没有与之匹配的智慧，不但不会为自己的人生加分，可能还是一场灾难，纵观古代那些绝世美女，不是沦为牺牲品便是下场惨淡，倒不如一个寻常女子，还能过些安稳日子。

现代女子过于美貌，也许能带来一些便利，麻烦也是多多，身边总是伴随着各种嫉妒和质疑，身边更加不缺狂蜂浪蝶，如果没有早早练就一双慧眼，最后只能落个红颜薄命的下场。

所以，一个姑娘，长相可爱或者清秀，身材匀称，身体健康，让人看了舒服，这样刚刚好。

不必过于聪明，使人害怕交往，自己也容易受伤，看透一切的人往往很难幸福，当然也不能太傻，容易被人玩弄于股掌之间。大事不糊涂，小事不计较，这样刚刚好。

找老公，不用帅得人神共愤，除非真的 hold 住。一个男人，只要长得不让人讨厌，衣着干净得体，不用浑身都用奢侈品包装。

也不用非得找个富可敌国的，除非真的 hold 住。一个男人，只要不是落魄潦倒，无须太有钱，不用为衣食住行发愁，愿意为了你的喜好倾其所有，喜欢一样东西能够买下，这样刚刚好。

时常听到有姑娘羡慕美得像天仙的女孩儿，她们多么幸运，永远不乏男人的注意，想要什么几乎都是勾勾手指头的事，感叹自家爹妈没给自己一副好相貌，但却没有看到她们为了保持美貌是如何殚精竭虑，更体会不到她们害怕青春流走、美人迟暮的心情。说不定她们也在想，如果父母给我一副平凡的外表，让我过平凡人的日子该有多好！

你羡慕那些明星光华璀璨的人生，生活是何等的精致，却没有看到她们是多么害怕有一天这些光环不再，看不到她们日夜颠倒的艰辛，更看不到那个行业里的暗流汹涌。说不定她们在夜深人静的时候也在怀念当初纯粹的生活。

你羡慕模特有一级棒的身材，穿上什么都赏心悦目，却没有看到她们几乎和所有美食都绝缘了，常常饿得头晕眼花。也许她们也在羡慕你可以大快朵颐。

你羡慕身边有的人可以高官厚禄、名车豪宅，却看不到他们一听到警笛就会浑身一个机灵。

你羡慕有的女人过得随心所欲、潇洒富足，却看不到她们为了这一天，已经努力了太久太久。

钱财，不用太多，够吃够穿够花，这样刚刚好，德不配位，反招祸害；

老公，不用为你赴汤蹈火，愿意以一颗真心待你，这样刚刚好，太过热烈的感情，降温后容易冰到人；

生活，不用十全十美，九全九美，这样刚刚好，十全十美的生活，只会出现在小说里。

做一个刚刚好的女子：不攀附，不将就。这个世上，不是你愿意妥协就会海阔天空，你的底线决定你的拥有，也不是你想要攀附就能飞黄腾达，你的本事要配得上你的奢望。

做一个刚刚好的女子，太过，必然辛苦，不够，容易失落。

做一个刚刚好的女子，平凡却不平庸，也能在这世上成为一道风景线。

做自己的太
阳，温暖每
一寸人生 〉〉〉〉〉〉

　　"颠沛流离"在我的眼里是个非常有意思的词语，多数人看到的是困境和漂泊，我看到的则是因为要逐水草丰沛之地而居，所以免不了离家远行，一路仆仆风尘也看了更多风景。漂泊，是勇敢者的游戏，当年我是为了爱情远嫁北京，如今那份情早已成了颓败的花，但现在的我比以前的我更好。

　　我的记忆里没有大多数人眼中的颠沛流离，偶尔我也要面对无比惨淡的人生境遇，可那都是我成长的一部分。情感给我的伤教会我更要爱自己，生活给我的痛教会我更要努力不放弃，选择给我的困惑教会我除了面对只能面对，人性的薄凉教会我除了微笑还是微笑。

　　我不得不说自己是个任性至极的女子，即便不再年轻也是想走就走想做就做，一直以自己的喜欢的方式生活，拒绝变成别人想让我变成的样子。我当然已经学会思考和长大，但并不代表我就得身不由己，我的生活我做主，既然能够不顾一切做选择，承担哪怕山崩地裂的结果也没话说。

有时候我也会痛啊，扛不住的时候也会追着闺蜜打电话，喝茶聊天，逛街败家，然后一笑而过。我说得很轻是吧？那是你不了解我曾经有过怎样的绝望。如我一般追求简单纯粹和激情极致的女子，也必然会经历情感和人生的大起大落，这很正常也是一种因和果。

得意的时候不要太得意，失意的时候才能最终挺得过，只是这些时候我早已经学会不跟外人说，全是自己的事，何必跟不相干的人添麻烦？作为成年人，我们还有很多种方式可以缓解心灵之痛，把哭声调成静音模式，把孤单过出恬淡的味道。最不济我们还有书和音乐，一个会阅读并且会聆听的人气场是不一样的，那是一种华丽丽的释然和解脱。

我的生活方式也有人提出过质疑，说我很自私，不想孩子啊别人啊等等。说实话我觉得这种所谓的"不自私"是很虚伪的表达，我捍卫了你说话的权利后，我们不必说再见就是。身边很多号称自己善良优秀的人，都是只会指责别人从不自省一族，因为攀比一直焦虑，因为脆弱一直依靠，因为急功近利变得面目全非，又因为所谓不自私变得矫情浅薄。小 S 说："你抱怨说明你自私的还不够彻底。"而小 S 的"自私"无非就是关爱自己，却绝对不是不爱别人。

连自己都不会爱的女人，说自己如何如何爱男人爱孩子，在我眼里都是一种失败的人生选择。曾经看过一篇文章，大概是说很多女人在二十多岁之后就已经死了，题目或许有些极端，但道理没什么有错。生活中很多女性连自己都认为，女人最美好的年龄就是二十多，一旦过去了就都是豆腐渣。

所以可以将就男人，不必努力，凑合婚姻，指望孩子，以为这是"平平淡淡也是真"。只是，没看尽世间繁华的人根本不会了解什么是平淡，平淡不是市井俗气抱怨焦虑，粗胖身材廉价衣裳，夫妻同床异梦，孩子叛逆不听话，而是心境简单满足，你独立美好，不论单身还是婚姻都能过得快乐，孩子有自己的好时光。

你当然可以选择多数人的生活，只是那样的无私不会改变别人只会改变你自己，结果或许就是你曾经最讨厌的样子。不要以为过多数人的生活就一定比过少数人的那部分容易，就我的生活经历来说，这极少数的选择看似艰难，却是最容易让自己变得快乐又简单的路。用天真的态度对待整个人生，好处是你依旧可以凭借自身努力追寻梦想和真爱的同时，又保持了初心，这才是眼面前残酷世界中的最佳生存法则。

如今的我依旧颠沛流离，以后或许还会继续逐水草更丰沛之地，去更遥远的地方，这样的过程就是我选择的人生。年轻时的我有时候也会害怕一个人的旅程，于是放慢了原本该继续努力的脚步，花了很多时间在情感中反复纠结，在婚姻里也生出了依赖的慵懒。

后来才慢慢明白，其实自己的路有没有人陪没那么重要，重要的是，你的心能否为自己在暗夜来临时点燃灯火，能否在突然而至的凄风冷雨中成为自己的太阳。这样的人生，即便颠沛流离，相信最终也是能够用幸福快乐做总结的。

走过岁月并爱过之后，我们的人生都不需要解释，即使曾经的委屈成河，曾经的伤痛血流遍地，也要让它静静地流过时光，我们应该感谢那些爱过我们的人，也就应该遗忘那些曾经恶劣对待过我们的人。所谓聪明，就是我们了解到了人性的弱点，所谓成熟，就是我们能够原谅脆弱的人性。

如果有人陪你颠沛流离，也要留出时间关爱修炼自己，如果没有人陪你颠沛流离，那你就做自己的太阳温暖每一寸人生。

FANGXIA NUORUO
DE ZIJI NULI QIANGDA QILAI

成为自己的英雄 〉〉〉〉〉〉

最近一直在忙工作和整理书稿，很多话憋在心里很久，谁也别拦我，我要和你们掏掏心窝子。2013年，我以普通大学应届生的身份拿到了国企、外企、世界五百强、银行和公务员的offer。基本上最好的应届生offer全被我拿到，我爸直接给我卡里打了三万块钱作为奖励，因为这些工作随便挑一个在北京都不是十万能买到的，而且还必须有较硬的人脉关系。

后来学校老师邀请我做求职讲座，很多朋友也来和我咨询求职的经验，我苦了大半年了，最后两月必须使劲玩啊，就在出去旅游前的两天写了一篇关于求职的经历感受。结果来问的人更多了，大街网、智联招聘也来找我写求职专栏，这种以过来人身份分享经验的文章我很不爱写，不能文艺不能煽情不能耍贫，而且写的再真诚还是会觉得有炫耀的嫌疑。

但我后来却把这篇文置顶在了自己的微薄上。粉丝每天来来往往，一个博主的逼格多么重要，这是我这辈子写过的最鸡汤的文了，可我还是坚持把它置顶了，不知多少人因为别的文章关注我，结果看完这篇离开我了，心酸。我为什么要坚持把那篇文置顶呢。接下来的都是憋了半年的掏心窝子的话。

后来看到越来越多的人来询问我关于求职的问题，我还索性特意发了一条微薄来征集大家的问题，准备针对不同工作进行详细解答。可我却直到今天都始终没再写关于求职攻略的文章，这点是我的不对。可你们不能怪我，我这么帅是不。为什么没再写，因为我发现根本的问题并不是攻略，绝对不是。

是太多的人，从心里就不相信靠自己可以找到那些好工作。工作之后一些过去的学弟来请我吃肉，我心里知道，他们多半是想从我这获得一些关于未来的路该如何走的经验，每次我都很坦诚的接待他们，很多次还被我先抢着结了账，再次心酸。可结果呢，喝点酒之后，他们都会问我一个问题，"豪哥，你那些工作真的都是你靠自己找的吗？"

这话其实也在我意料之中，那份求职经历确实会让人产生怀疑，不过被怀疑才有实现的价值。我鼻梁很挺拔，但那从不是靠说假话长出来的。大学毕业时高中同学聚会，也有不少同学来问我"你工作的事你爸花钱没？"我都是笑笑，然后告诉他们，"花钱了"。他们不过是想寻求一种安慰心理，我给他们便是了。

这世上这种人我见多了，自己放弃自己，还要拉着别人跟着他一起放弃自己。"滚犊子"三字留在心里，为了世界和平，就给他点善意的谎言。而后，由于那篇文章置顶的缘故，评论与日俱增，我都耐心的看了，包括豆瓣和人人上的，真爱粉的评论我很感激，但为了公平就不统计了。将近三分之一的人都持以怀疑或嘲讽的态度，根源在哪里，就是他们不相信。

他们不相信我，无所谓。但你是一个怎样的人心里就相信着什么，不相信我的经历，就说明潜意识里你也不相信自己可以靠努力取得同样的成果。我一点不委屈，我活出怎样的人生，那是我的事，别人说好说坏也罢，我都照样活。可我真的希望能靠自己多少唤醒一些他人埋藏在身体里的力量，哪怕是丢下的那些曾经发着光的信念也好。

工作半年多了，直到现在困扰我最大的问题还是，为什么那么多人不相信可以靠自己找到一份好工作，并且还有不少人就那么心安理得地双手一摊，等着靠家里解决。让我更受不了的是，明明可以靠自己找到一份不错的工作，却对自己的未来匆匆了事。要不就是干脆消沉到底，还挺倔强，"嗯，我就这能力了，听天由命吧。"

如果不是如今我以温柔处世为原则，我真想把你打一顿。你爸妈多大了，小半辈子的积蓄拿来给你找工作，你睡得着觉吗？你自己二十年的日子白过了？你泡妞谈恋爱时的不顾一切和倔强哪去了？别人嘲讽你、误解你时，你心里的不服哪去了？口口声声说自己有梦想，要过自己人生的那股执著哪去了？

　　言辞可能有点激烈，不许急眼啊，急眼就说明全被戳中了。你还急眼不。对于拿下的那些 offer，我没觉得有什么了不起，因为这世上大多数人都是在靠自己打拼的。可我心里困惑和着急的是我发现越来越多的人，明明家境一般却仍然等着父母去为他们的未来去谄媚和低头。越来越多的人，从一开始意气风发的说自己一定要拼出一片天地，到最后对现实妥协，自己放弃了自己一身的才华和潜力。

　　说心里话，我之所以能拿到那些 offer，归根结底是因为我相信。我就是相信即便这个世界有再多黑幕和阴暗，也总有阳光照进的角落。我就是相信岁月给我的那些挫折和磨难当我坦然承受并继续执拗的向前闯时，它终会给我一个拥抱加么么哒。

　　我就是相信，老天爷真的看得见你的努力。它为了世界的平衡，需要创造堕落者，懦弱者，需要在一片天空布满乌云，可它也需要倔强者，偏执者，需要给他们让出一道光明。我就是相信这世上从来没有做不到的事，只有不够想做与不够坚持。

　　你说那些攻略有多大用。我把我知道的每种工作的笔试面试经验都给你，我把学习公务员试题的心得都写出来，可你从心里，从潜意识里就不相信。不相信你可以打破那些有背景有钱有势人的屏障，不相信你身上有着一个挖不到底的潜力洞。不相信你可以从那些质疑与嘲讽声中站出来，成为努力换奇迹的一员。不相信那些曾经漫长到一次次快要放弃时，可还是独自咽下汗水和泪水逼着自己再坚持一下的日子，有天会全部化成让你原谅了生活过去对你所有刁难的果实。

你真的不是没有实力，你偏要埋葬自己，我没有办法帮你。如果你相信，非常相信。那些攻略和心得，我不说一定，但大部分你是可以靠自己悟所出来的，并且会比我体会的还要简捷和深刻，因为那是你靠自己汗水和黑眼圈收获的，那都是独属于你自己的心得。

这世上很多经验和阅历都无法从他人汲取，只能靠自己走过。而那些他人的其实多半也并无大用，你自己的才是最好的。弯路要更坚定地走。因为那些弯曲的，颠簸的，让你看不到终点的，恰恰是通往捷径前的最短路线。迈过的坎，趟过的泥，日后都会成为你脚下的风。

2013年到2014年之间，我眼看着很多曾经在校园里牛得很的人出了校门便一头跌进了谷底，学校和社会的竞争相比起来简直就是以卵击石。可我也看到很多过去在校园里默默无闻，被大家拿来作为自我安慰对象的人，爆发了过去所有人都没注意到的潜力，最后让人亮瞎了眼。那些跌倒的，多半是最后自己放倒了自己，那些触底反弹的，多半是咬着牙自己扶起自己的。

我和他们靠的是什么，真的没有大道理，就是相信。因为相信，从不畏惧将来，因为相信，那些深陷谷底的日子不需任何人搭救，因为相信，黑夜里便化作自己的太阳。这个世上你除了父母还能相信谁？不相信你自己，就等同于杀了你自己。我总觉得一个人相信什么，他未来的人生就会靠近什么。

你相信人的才能都是上天赐予的，那你不会认同一万小时原理而去沉默的努力，在尘埃里坚定的等待破土而出的日子。你认为这个世界都是靠背景和谄媚成功的，那你只会永远活在自己筑起的生不逢辰怀才不遇的悲愤城墙里。你相信这个世上有很多天生缺陷无法从他处弥补，那你只会对自己身上那一点其实太多人都有着的缺陷永陷悲怨，直到抹灭了身体里藏着的翅膀。

你相信命运终归是不公平的，那可怜的你，一辈子也不会体会到那种靠自己冲破束缚，打碎桎梏，成为自己世界里英雄的快感。如果你只会抱怨生不逢时，时运不济，相信我，早晚一天你所抱怨的会成为你的人生。

"取法乎中，仅得其下"，你所相信的，斩半之后就是你的未来。为什么那么多闪耀的人都是偏执的理想主义者，就是因为他们的理想高的简直被世人嘲笑，可正因如此，他们即便没能实现那被世人嘲笑的理想，也会获得让那些人一辈子只能瞻望的背影。

　　回到前面留下的问题，为什么写过不少酷文，我却不顾逼格偏要把那篇求职的文章置顶，我不是为了标榜自己，我知道那篇文章无论看了一半还是两句，是质疑还是嘲讽，都会多少给他的心里带来一点冲击，"原来有人能做到这些，我可能也可以吧"。

　　我只是希望能通过自己多少唤醒一些人埋藏在身体里的力量，哪怕是丢下的那些曾经发着光的信念也好。屏幕另一端的你，请你相信自己好吗，我知道即便相信也很难实现，可相信真的会靠近。工作之后，一些经历让我也有一阵质疑一切美好，推翻了过去很多的信念。岁月和时间，是治愈伤口的最好良药，也是吞噬和掠夺光与热的最强恶魔。

　　我常觉得那些珍贵的东西，从每个人来到这个世上都是被上天公平赐予的。比如善良和爱，梦想和希望，勇敢和倔强，还有向阳的心。日后活的幸福与否，成功落魄也罢，也许不是靠后来获得了多少，而是保留下了多少你曾经所被轻易赋予的。会走的更远，或许也会走的更闪耀，可是如果丢失了生命所赐予我们的天生的那份感知光与热的能力，拥有的再多，内心也早已是一片漫无的沙漠，拥有的领地再广阔，也不会再开出一朵芬芳的花。

　　有时回想起童年的灰暗，中学的堕落，毕业求职起初时那些让我一度想要放弃自己，修改信念的残酷现实，我走过了，并且活的更好了。我从未因那些后来所谓的成就和光环感到过多少骄傲，但我确实很骄傲。我骄傲的是，那些过去的灰暗直到如今也从未侵蚀我一丝一毫，心里的那份光与热，因穿过的灰暗而越发炽烈。

我家里条件在北京也算不错，身边朋友有一半都是靠家里铺垫未来的，他们是我朋友，不评价，人的好坏也不能因此来论断。但我从那些年少时，一群人陪你一同眼里发着光心里带着热，谈论梦想和拼搏的年纪，一直走到今天，走到只剩下自己眼里发着光心里带着热，对着镜子和自己谈梦想与拼搏的年纪，我始终没有改变过。这种活法不是逼出来的，是我自己选出来的，并且绝不会改变。

如果换一种活法，我会觉得生命等同于白过。如果换一种活法，我还怎么成为自己世界里的英雄。请你也一定要相信这个世界所有的光与热。那样的你即便会被黑暗击倒，但心里的光与热会赐予你扶起自己的力量。请你也一定要守住心里那份光与热，那样的你即便会被乌云笼罩，但身体里会拥有一把利剑，不需期盼乌云的散去，它们早晚会被你刺穿。

看不到太阳，就成为太阳，成不了太阳，就追着太阳。有时候感到寸步难行，也许是你已长了翅膀，却不相信自己可以飞。请相信自己，你可以成为自己世界里的英雄。最后唠两句：很久没写这种励志文了，长大了写幽默、写情感、写真相、写他人的故事。总不好意思再写这样的文。但我从不是那种为了励志，为了热血而去写鸡汤味的文。我就是这样活的。

会倾诉，会伤感，但生活与我来说，无论如何都从不会退步，手里攥着剑一往如前。累了倦了，就想想有个牙膏在世界的另一个角落陪着你呢。相信自己的感觉很棒，比如觉得自己很帅很可爱，身体里有光有热的感觉也很棒，因为它还能帮你燃烧脂肪减肥呢。看吧，就算为了瘦，你也该守住它们。这样的你，有一天也才真的叫瘦成一道光。

痞子英雄的市井人生

>>>>>>

在所有守法良民眼中，陈三少从小到大都是个不折不扣的痞子。

陈三少高三插班复读，坐在我前面。吊儿郎当，不务正业，满嘴哥们儿义气。

高中毕业，陈三少上了一所末流大学，和我的大学在同一座城市，他拍着我的肩膀说，以后哥罩着你！然后不由分说地扎进了我的生活。

不管我是否情愿，我是没有勇气拒绝陈三少的好意的。好在交往久了，我发现他并不是想象的那么讨厌，相反，还有点雷锋同志助人为乐的影子。

一晃大学生涯结束，陈三少豪情万丈地踏进了社会。他自知不学无术，无法谋到体面的工作，因此，他的目标很明确，自己做生意、当老板。

掐指算算陈三少这几年还真折腾了不少花样，他与他的弟兄们卖过服装，卖过冷饮，在夜市摆过地摊，还集体推销过安利。学生时代那么厌倦书本的陈三少，为了事业，甚至钻研起经济管理类的书籍来，可惜除了将手下的兄弟管理得服帖有序之外，生意上不见任何起色。

但即使这样，陈三少从来没有放弃过。他痞里痞气地说"爷们儿承受得住任何血和汗"。在社会上摸爬滚打，他越发不像好人。别人做买卖都把自己拾掇得油光水滑，再夹个公文包，哪怕是空的，至少有那副样子。他呢，一件夹克一年四季地穿，说是不如省下钱和兄弟们买酒吃肉；公文包倒是也有一个，里面却放的是小型电棍，说是对手抢地盘或者有人乱收费的时候用得着。我无奈，只能日日提心吊胆地祈祷警察别来找我问话。

许多个郁闷的夜晚，他醉醺醺地打电话给我，骂天、骂地、骂自己，赌咒发誓不成功就不找女朋友。很多次我想劝他放手，离开这里，回家乡过安稳日子，可终究都没说出口。

幸好老天还是眷顾到他。2010年岁末，陈三少在一家大型商场门口租了摊位卖糖果，短短两个月时间，他居然净赚了五六万元。陈三少眉开眼笑，第一次大方地给兄弟们分钱，然而"死忠"们都不肯要，几个人一合计，添了点钱再次投资，在一所大学旁开了家时尚的照片冲印店，生意和客源都很稳定，陈三少成了名副其实的小老板。

　　我扑腾多年的心终于落回原位，猜测他这下可以金盆洗手退出江湖了，不想他却一脸严肃地跑来警告我，不许泄密。我会心地看着他，郑重点头。

　　是的，一直以来只有我知道，陈三少的一切都是假象，他看起来像黑社会，实际上古道热肠，连架都不曾打过一场。而他最大的假象，也是最大的真相，他其实是个富家子弟，家乡有父亲庞大的产业，他什么都不做也能富足地吃上一辈子。他当然不叫陈三少，因为他排行第三我才戏谑地这样叫他。只是他不肯像两个哥哥一样，接手打理父亲的企业。他苦苦地奋斗在社会底层，再落魄也不肯向家里要钱，再艰辛也装作满不在乎。四年多的挣扎，直至云开见月明。

　　陈三少前面的道路还很长很远，他无所谓的笑容下隐藏着满当当的心劲儿和干劲儿。无私、坚韧、有情义、肯拼搏，即便他外表是个痞子，可所有人都认为，他实际上是平凡生活里的市井英雄。

美丽蜕变 >>>>>>

[我一个人可以到学校]

　　至今我还记得开学第一天的忐忑不安和挥之不去的忧虑，当所有人都在为脱离了枯燥乏味的高中生活，进入到一个全新的自由校园而满心期待和兴奋的时候，我看着身边两个硕大无比的行李袋，孤身坐在人来人往的火车站，真的是百感交集。为了省那几百元钱我连被褥什么的都决定带过去。这是我长这么大第一次出远门，第一次坐火车，甚至都不知道接下来该怎么做，平常连县城都很少去的我十个小时过后将到达一个完全陌生的城市。

　　下了火车第一眼我就看见了父亲，在拥挤的人群里看到一张熟悉的面孔让我的心感到莫大的安慰。一年不见他又苍老了许多，如今灰白的头发和满脸的皱纹时刻提醒我他早已年过六十了。虽然他连我什么时候高考都不知道，但是当我告诉他我的学校在北京，我从他的声音里听到了喜悦。"怎么用个破袋子装行李啊？"

行李袋由于上火车的时候人太多破了一个大口，里面的被褥都露了出来。出站以后看到地上睡在报纸上的那些人，再看他背着满是灰尘并且随时都有可能破裂的行李袋，我突然觉得这样的画面刺得人眼睛生疼。为了接我他昨天就从工地上赶到这里，身上那套衣服估计是建筑队的工作服。一想到他昨天晚上也是那样睡在冰冷的地板上，我感到无比难受。"爸，你走吧，我一个人可以去学校，你不用送我了，赶紧回去吧。"我将手里的一袋食物递给他以后就催促着他走，我不知道哪里来的勇气说出自己可以一个人去，我甚至不知道我的学校在哪个方向。看着他远去的背影我暗暗地下定决心，我要自己供自己读书，进入大学要完全独立，因为我知道我不能再要求他为我做什么了。

开学第一天人山人海，似乎许多同学身后都站着一群亲朋好友，有的人甚至直接将行李托运过来，一身轻松地迎接着新的开始。第一天真的格外漫长，我就这样迈出了大学的第一步，夜深人静的时候，我暗暗对自己说："加油，你一定可以的！"

[记得一瘸一拐送餐的女孩]

还记得开学不久在职业生涯规划的课堂上，任课老师告诉我们，机会是靠自己争取的，不是从天而降的。那句话也许对于许多人就像风一样吹过就了无痕迹，可是我却把这句话牢记在心里。

开学不到一周我就在学校附近的快餐店找到一份工作，餐馆刚开业需要人做前期宣传。我不知哪里来的勇气，敲开每个寝室的门，向大家介绍推荐，只要最后别人可以在那张单上写下自己的宿舍和联系方式，我就可以拿到五毛钱。说实话那个时候我真的害怕过，毕竟进去面对的都是一个又一个陌生的面孔，许多时候是怀疑和鄙视的眼神，可是在每一次开门的一刹那我必须将一切害怕和不安掩埋，我要微笑着给她们宣传，即使别人最后不愿意留下那几个字我也要忍受。

后来在那家快餐店我又开始做送餐员，每天中午十二点放学后就匆匆赶去，每一份三毛钱，由于下午是一点半上课，时间真的很短，我就这么来回跑着，有时候害怕迟到中午索性饭也不吃就直接赶到教室。晚上就带着他们的宣传单从门缝里塞到每个寝室。公寓一共五个区，每个区六层楼，每一层都有三十个寝室左右，一张单只有两毛钱。那个时候真的感觉自己像是在演苦情戏，期间我还不慎扭伤了脚，疼得很想放弃，可是我固执地告诉自己要忍住。真想不到时间过去那么久，居然还有人记得那个一瘸一拐送餐的女孩。

收到人生第一份工作的几百元工资时，我竟觉得那么开心，旁人的眼光和议论都不重要了，因为这是靠自己的劳动赚来的。

后来我自己跑去学生处找老师，希望能在学校找到一份工作。当时基本上所有的岗位都已经招满了，也许是被我的勇气和镇定说服了，几天后她就打电话让我去户籍科面试。在户籍科的人口普查中，我居然可以将刚刚学到的 Excel 运用到数据调查中，这让工作处的老师们节约了很大一部分时间。其实他们不知道我也是到了大学才开始接触电脑。还记得刚开学的时候，我连开机都不会，结果被老师反问一句："你到底是不是考进来的？"当时我特别委屈，因为老师不知道我在此之前基本上没有碰过电脑。

［永远坐第一排的班长］

从进入大学的第一天起我就知道必须拿到奖学金，我不想继续贷款。所以从第一节课起，我就告诉自己不能旷课迟到，更不能降低要求。大部分的课堂上我都是那个坐在最前面的人，不管后面多吵，我的眼睛只盯着前方的人，即使后面几排都空无一人，我也就那么坐着，也许在许多人眼里这个女孩是那么格格不入。

其实那时我多少是有些自卑的，甚至不敢看后面的人，我想着好好学习吧，其他的一切都不管了。所以一整年下来大家对我的印象就是那个永远坐在第一排最靠近投影仪的人，那个位子似乎永远都是我的，即使教室不停地变换着。许多同学谈之色变的高数和线性代数我都考了满分，我成了同学眼中的"奇人"，这真是个黑色幽默啊。上课时老师 PPT 单调的蓝色背景让我也昏昏欲睡，但笔尖还是惯性地在笔记本上记下一串字符，因为我无法面对错过一节课带来的后悔和内疚。

大一结束后我基本上只和寝室几个人有联系，班级活动一次也没有参加，因为在我得知需要交几十元钱后就退却了。大一我如愿以偿得到了五千元国家励志奖学金，我做到了自己的承诺，可以自己供自己读大学了。过年的时候竟然还可以用赚的钱为爸爸买一件羽绒服，第一次让他享受到女儿的一点点心意。

大一的生活就那样过去了，大部分的日子都是一个人过的，当有人说我很冷漠的时候，我突然觉得必须改变自己，我不愿意四年以后同学都不知道我是谁。大二我决定竞选班长。大学基本上是各忙各事，大家都深知当班委的苦楚，竞选班干经常冷场，最后不得不由老师出面指定。当站在讲台上，第一次勇敢地抬起头看着下面这群陪伴一年的同学说出我想当班长时，我知道我再也不想做那个胆怯沉默的人了。

那一年的中秋节我一直都在想着弄一场怎样的班级活动，我没有选择去聚餐或者外出游玩，因为前几次寥寥无几的报名人数已经成为教训，我决定给每一个人一块月饼，然后给每一个人写一封信。三十多个人，我写了整整一天，每一封信都是我的真实感受和祝福，那些都是我大一跟他们的点滴接触中感受到的，虽然有些只有几句话的交流，可是我希望他们可以看到我的真诚，让他们觉得这个班级真的像一个家，我希望他们可以感受到温暖。那一次我成功了，因为当这份小小的礼物送到每个人手中以后，我收到了许多感谢和祝福，看着他们的回复，我的心真的是暖暖的。有人告诉我她至今都将那封信放在抽屉里最重要的位置上。被人需要的感觉真的很好，我的世界不再只有自己一个人。

别再等了 >>>>>>

父亲种了一株稀有品种的兰草，数年未见开花，每每希望又每每失望，于是更加精心地侍弄，浇水施肥，以寄希望于下一年。

工夫不负有心人。长久地等待之后，那株兰草终于芬芳吐蕊，幽香袭人。父亲兴奋地给我打电话，语无伦次地说："花儿开了，真的开了！快点回家来看花儿啊！"

我答应下来。

父亲种的花儿开了，养的鱼长大了些，买到新鲜的果蔬，总会给我打电话。有了高兴的事儿，父亲总喜欢找人一起分享，我就是一起分享的人之一。

可是那段时间，手上诸事繁杂，忙乱不堪，因而回家迟了三五日，谁知那些花儿全谢了，父亲不无惋惜地说："你不知道那花儿开得有多香，你不知道那些花开得有多漂亮，好几年才开花儿，你居然错过了！"父亲脸上写满遗憾。

我的心中也多了几分惆怅，为花儿而来，然花儿却谢了，花期不等人啊！因而生生错过了美丽的花期。

其实哪里只是花期不等人？人生之中很多事儿很多人都不会在原地一直等你。等待的结果，往往与某些想做的事情擦肩而过，空留遗憾与怅惘。

常常会听到一些人说：等我退休了就去旅行，用脚把一寸一寸地美景都量遍；等我有时间了就去做运动，把身体锻炼得一级棒；等我不忙了，就回家陪父母择菜做饭，陪父母说说笑话唠唠家常；等我有钱了，就买很多很多书，充实人生，为自己充电……

所有的事情，其中的关键字就是一个"等"字，这个等字有很多学问，等将来，等有时间，等不忙，等来等去，这个"等"字变成了一种假设和意愿。

等到退休再去旅行，也许到那时你退休了，但却未必有那个心情，甚至身体情况等诸多因素制约你出行。等到有时间再做运动，没准等到你有时间了，身体已经每况愈下，健康已与你相背而行。等到不忙了再尽孝，没准等到你不忙了，父母已经驾鹤西去，不再给你机会。等到有钱再充电，其实只是懒惰的借口，学问从来不是买来的，而是点点滴滴积累下来的。

人生的很多事情不能等，因为谁都无法估测未来的事情，许多的不确定因素也许就成了你的计划和理想绊脚石，很有可能会一等就等成了永远。

台湾作家郝明义倡导把"线型人生"活成"微型人生"，把那些长久的不切实际的、长线一样的远期规划提前至一个月内、一周内，甚至一天内去完成。仔细想想，不无道理，及时行乐当然不可取，但如果及时把想做的事情做了，人生就不会空留遗憾。与其无数次去设想，不如实际行动一次。

如果父亲给我打电话，我不拖延那三五日，就不会错过花期，就不会与那些璀璨盛开的花儿擦肩而过。等到花儿都谢了，什么都晚了，只能空留遗憾在心中。

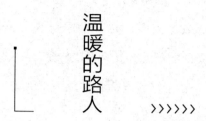

第一次见到她那年，她只有 12 岁，青涩稚嫩，头发发黄，皮肤微黑，一点少女的清新俏丽都没有。整张脸上，只有一双大眼睛，生动明亮，熠熠生辉。这双眼睛，给他留下了深刻的印象。

校长把她领进门的时候，他正在斟酌如何与女孩交流，不能居高临下，也不能以朋友那样熟络的口吻，尽管他资助她上学已经一年多了。

其实他所有的担心都是多余的，因为不管他说什么，女孩始终都不曾开口回应，躲在角落里，像猫一样，目光淡然地看着他。他被她看得手足无措，把买给她的礼物匆忙交给她，便落荒而逃。

回到城里以后，他陆续收到女孩的信，那些信纸都是从横格本上撕下来的劣质纸张，写满了一行行清秀隽永的小楷，行文漂亮，想不到小丫头满腹文才，这更坚定了他资助她上学的决心。

第二次见到她，是她来找他。那年，她 18 岁，考上了他的母校。他看到她的第一眼，她不再是营养不良的丑小鸭，而像一朵白玉兰，清新秀雅，伴着淡淡的馨香。

她的性格改变了很多，主动叫他哥，亲切自然。她说："哥，以后我不再接受你的资助，我会勤工俭学。"

她长大了，有了思考能力和独立思想，但他还是说："你还在念书，不要操心经济上的事。"

他开始有点喜欢上这个自尊自爱的女孩，每个月末去学校看她，给她送去生活用品和学习用品。女孩对他产生了深深的依赖，生病的时候会叫他照顾，找工作的时候会找他参谋，想家的时候会去他那里蹭饭。他有了女朋友，她主动要求把关，可是每一次，她都撅着嘴说，那女孩不适合你。她 25 岁那年，他已经 35 岁了，她没有男朋友，他也没有合适的女朋友，两个人独立在时光里。

一个雨后的黄昏，女孩做了一个噩梦，起来之后，依然惊魂未定，惶恐无助，胡乱披了件外套，跌跌撞撞地跑去找他："哥，你娶了我吧！好不好？"

他慌忙把她往门外推："你喝醉了？"女孩哭着跑了。他一屁股跌坐在沙发里，一夜无眠。

一年之后，女孩嫁给了一个大她三岁的男孩，男孩青春健康阳光，他很满意。他以大哥的身份亲手为她披上了美丽的婚纱，轻如羽翼的婚纱把她衬得如百合花一样美丽，她隐忍心底多时的话终于冲口而出："哥，你为什么不喜欢我？"他摇了摇头说："不是我不喜欢你，你用婚姻这种方式完成报恩的理想，实在有点不明智。"

女孩的泪顺着脸颊滚落："我是真心爱你的，不是报恩，你怎么这么傻啊！"

他忽然觉得眼前一黑，心痛难抑，以为自己世事洞明，想不到却被自己的聪明，生生地耽误了一段美丽的姻缘。他强颜欢笑："看来你只能把哥当成路人甲！"女孩哽咽："那你也是我生命中最亲最亲的路人甲。"